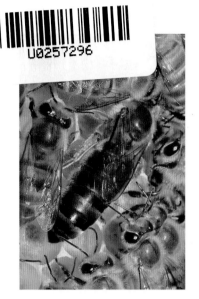

彩图 1　中蜂黑色蜂王　　　　　　　彩图 2　中蜂枣红色蜂王

彩图 3　地涌金莲　　　　　　　彩图 4　山茱萸

彩图 5　活框蜂箱

彩图 7　方形蜂箱

彩图 8　圆形蜂桶

彩图 6　格子蜂箱

彩图 9　板式蜂箱

彩图 10 中蜂"三活"饲养试验蜂场（新乡养蜂综合试验站 提供）

彩图 11 中蜂倒置蜂桶饲养试验蜂场（新乡养蜂综合试验站 提供）

彩图 12　国家现代蜂产业技术体系武汉综合试验站
神农架桶养中蜂试验蜂场

彩图 13　国家现代蜂产业技术体系儋州综合试验站 400 群中
蜂活框饲养示范蜂场

彩图 14　国家现代蜂产业技术体系首席科学家吴杰研究员现场指导
中蜂管理工作（新乡综合试验站　提供）

彩图 15　新乡养蜂综合试验站中蜂试验蜂场一角

彩图 16　生产中蜂优质分离蜜（新乡养蜂综合试验站　提供）

彩图 17　中蜂巢蜜生产
也是一门艺术

彩图 18　中蜂巢蜜（新乡养蜂
综合试验站　提供）

国家现代农业蜂产业技术体系研究成果
中国养蜂学会中蜂饲养技术推荐教材

高效养中蜂

张中印　吉　挺　吴黎明　编著

机械工业出版社

本书依据中蜂的生活习性，围绕高效、安全、优质这一主题，阐述无框和活框中蜂饲养技术，主要包括认识和利用中蜂、中蜂形态与生活习性、蜜源植物与养蜂工具、活框饲养管理技术、活框饲养良种选育、无框饲养管理技术、病敌害的综合防治、做好销售提高效益等内容，旨在提高蜂农收入，实现中蜂养殖持续稳定健康发展。

本书图文并茂，通俗易懂，既适合蜂农、农技人员阅读，也可供农业院校相关专业师生学习参考。

图书在版编目（CIP）数据

高效养中蜂/张中印，吉挺，吴黎明编著 . —北京：机械工业出版社，2016.4（2024.5 重印）
（高效养殖致富直通车）
ISBN 978-7-111-52936-1

Ⅰ.①高… Ⅱ.①张…②吉…③吴… Ⅲ.①蜜蜂饲养−饲养管理 Ⅳ.①S894

中国版本图书馆 CIP 数据核字（2016）第 026526 号

机械工业出版社（北京市百万庄大街 22 号 邮政编码 100037）
总 策 划：李俊玲 张敬柱   策划编辑：郎 峰 高 伟
责任编辑：郎 峰 高 伟 周晓伟 责任校对：郭明磊
责任印制：张 博
三河市国英印务有限公司印刷
2024 年 5 月第 1 版第 14 次印刷
140mm×203mm · 6.75 印张 · 4 插页 · 194 千字
标准书号：ISBN 978-7-111-52936-1
定价：25.00 元

序

　　改革开放以来，我国养殖业发展非常迅速，肉、蛋、奶、鱼等产品产量稳步增加，在提高人民生活水平方面发挥着越来越重要的作用。同时，从事各种养殖业也已成为农民脱贫致富的重要途径。近年来，我国经济的快速发展对养殖业提出了新要求，以市场为导向，从传统的养殖生产经营模式向现代高科技生产经营模式转变，安全、健康、优质、高效和环保已成为养殖业发展的既定方向。

　　针对我国养殖业发展的迫切需要，机械工业出版社坚持高起点、高质量、高标准的原则，组织全国 20 多家科研院所的理论水平高、实践经验丰富的专家学者、科研人员及一线技术人员编写了这套"高效养殖致富直通车"丛书，范围涵盖了畜牧、水产及特种经济动物的养殖技术和疾病防治技术等。

　　丛书应用了大量生产现场图片，形象直观、语言精练、简洁，深入浅出，重点突出，篇幅适中，并面向产业发展需求，密切联系生产实际，吸纳了最新科研成果，使读者能科学、快速地解决养殖过程中遇到的各种难题。丛书表现形式新颖，大部分图书采用双色印刷，设有"提示""注意"等小栏目，配有一些成功养殖的典型案例，突出实用性、可操作性和指导性。

　　丛书针对性强，性价比高，易学易用，是广大养殖户和相关技术人员、管理人员不可多得的好参谋、好帮手。

　　祝大家学用相长，读书愉快！

中国农业大学动物科技学院

前　言

　　蜜蜂是制造甜蜜的社会性昆虫，也是人类饲养的小型经济动物。中蜂是我国传统饲养的蜜蜂品种，所以又称为中华蜜蜂、土蜂。在20世纪10年代以前，我国仅人工饲养的中蜂就达500多万群。此后，我国引进意蜂和活框饲养方法。由于意蜂自然扩张（生殖干扰、食物竞争、传染疾病）、人为更替、研究滞后和环境变化等原因，使现在的中蜂仅存250万群左右，生活区域、种群密度大幅缩减，许多地方原来中蜂繁荣昌盛，如今难觅踪迹，甚至在广大平原已经灭绝。这对我国养蜂生产和作物授粉等都是巨大损失。

　　中蜂个体耐寒、勤奋，能够充分利用零星蜜源和秋季、南方冬季蜜源，群体节俭食物，抗白垩病和大蜂螨。实践证明，中蜂具有意蜂不可替代的饲养和生态价值，经济效益并不低于意蜂，投入与产出比更是优于意蜂，适合广大山区群众饲养，是解决山区部分群众就业、生活问题的一条可行之路。为了贯彻、实施农业部《关于加快蜜蜂授粉技术推广促进养蜂业持续健康发展的意见》和《全国养蜂业"十三五"发展规划》，在国家现代蜂产业技术体系研发中心的组织和指导下，由新乡综合试验站张中印副教授、扬州综合试验站吉挺教授和岗位专家吴黎明研究员等，在长期教学研究、养蜂生产和试验示范的基础上，综合兄弟岗、站的经验，编写了《高效养中蜂》一书。本书内容涵盖无框桶养、活框箱养的一般技术以及改革方法，技术简明实用，措施因地制宜，继承传统，求是创新，前后贯通，互为借鉴，旨在挖掘中蜂的生产潜力，推动蜂业发展，为农民增收和改善生态环境提供技术支撑。

　　需要特别说明的是，本书所用药物及其使用剂量仅供读者参考，不可照搬。在生产实际中，所用药物学名、常用名和实际商品名称有差异，药物浓度也有所不同，建议读者在使用每一种药物之前，参阅厂家提供的产品说明以确认药物用量、用药方法、用药时间及禁忌等。

本书在撰写和出版过程中，得到了河南科技学院、扬州大学、中国农业科学院蜜蜂研究所、机械工业出版社的大力支持，国家现代蜂产业技术体系首席科学家吴杰研究员和岗位专家周冰峰教授给予了具体指导，采用了贵州省农业科学院徐祖荫研究员、湖北综合试验站颜志立站长、天水综合试验站祁文忠站长、固原综合试验站王彪站长、红河综合试验站张学文站长、新乡综合试验站史定武和陈正国示范蜂场等提供的宝贵资料，在此谨向以上单位和个人致以衷心的感谢，对所参引资料的原作者也致以诚挚的谢意。

由于编著者学识水平和实践经验有限，书中错误和欠妥之处在所难免，恳请读者批评指正，以便今后修改、增删，使之日臻完善。

编著者

目 录

第四章 活框饲养管理技术

第五章 活框饲养良种选育

第一章
认识和利用中蜂

第一节　中蜂的历史与现状

20 世纪 10 年代及之前，中蜂是我国饲养的唯一蜂种，此后引进西方蜜蜂，如意蜂，至今中蜂和意蜂混同饲养。当前，中蜂种群数量只占全国总蜂群数量的 25% 左右。

一 20 世纪中叶前的中蜂

1. 中蜂饲养历史沿革

中蜂又称为中华蜜蜂、土蜂，是我国最早利用且至今与人类社会关系最为密切的昆虫之一。早在河南安阳殷墟甲骨文中就有蜂字的原形，并有蜜字的记载，由此证明，我国在 3000 年前就开始利用中蜂了。

西晋时期，皇甫谧著《高士传》，记载了我国历史上（东汉时期）第一位养蜂和传授养蜂技术的人——姜岐，"隐居山林，以畜蜂豕（猪）为事，教授者满天下，营业者三百人，民从而居之者数千家"；张华著《博物志》，首次记载了将生活在空心树木中的蜂群搬回家中饲养，即木桶养蜂（图 1-1）法，还用"蜜蜡涂器"诱引野生蜂群。郭璞的《蜜蜂赋》中用"繁布金房，迭构玉室"，描述了蜂巢的巧妙结构；"应青阳而启户"，说明了蜜蜂喜暖，巢门四季均应向阳；"散似甘露，凝如割脂"，形容了液态和固态蜂蜜。

郑缉之著《永嘉郡记》，记载了招引蜂群的方法："七八月常有蜜蜂群过，有一蜂先飞，觅止泊处。人知辄纳木桶中。以蜜涂桶，飞者闻蜜气或停，不过三四来，便举群悉至。"

北宋养蜂技术文献——王禹偁著《小畜集·记蜂》（图1-2），书中记载：蜂王体色青苍，比常蜂稍大，无毒；王生幼王于王台之中；王在蜂安，王失蜂乱；棘刺王台，可以控制分蜂；取蜜不可多，多则蜂饥而不蕃（繁殖），又不可少，少则蜂惰（懒惰）而不作。陆佃著《埤堆·蜂》，描述了蜜蜂试飞、访花、酿蜜、王台、蜂种等特点。南宋罗愿的《尔雅翼·蜜蜂》中不但表述了工蜂、工蜂形态、蜜蜂天敌等，还记录了多种蜜源植物和蜂蜜种类，如"色黄而味小苦"的黄连蜜、"色如凝脂"的梨花蜜、"色小赤"的桧花蜜等。苏轼的《收蜜蜂》用"空中蜂队如车轮，中有王子蜂中尊"形象地描述了分蜂情景，用"前人传蜜延客住，后人秉艾催客奔"阐明了捕捉分蜂的技术。

图1-1　木桶养蜂（济源）　　图1-2　王禹偁著《小畜集》

宋代戴表元著《义蜂行》，描写了山区农民养蜂和蜜蜂敌害情况。司农司（王磐序）编纂的综合性农书《农桑辑要》、鲁明善《农桑衣食撮要》和王祯《农书·农桑通诀集之五·畜养篇第十四·养蜜蜂类》中，都记载了当时无框蜂箱、蜂窠（图1-3）和蜂笼（图1-4）饲养中蜂的情况和当时的管理水平。

元代伊世珍著《琅环记》，讲述了一位家庭妇女养蜂致富的故事，韩鄂的《四时纂要》中将"六月开蜜"列为农家历事之一。"六月（三八）开蜜，以此月为上时。若韭花开后，蜂采则蜜恶而不耐久。"是古代历书中最早的蜂事。同时，蜂蜡也被加工成蜡烛和蜡丸，以及用于蜡染手工业。

王彪 摄

图1-3　蜂窖　　　　　　　　　图1-4　篓编蜂巢

王祯《农书》记载养蜂技术："人家多于山野古窖中收取，盖小房或编荆囤，两头泥封，开一二小窍，使通出入。另开一小门，泥封，时时开却，扫除常净，不令他物所侵。于家院扫除蛛网，及关防山蜂、土蜂，不使相伤。秋花凋尽，留冬月可食蜜脾，余者割取作蜜蜡。至春三月，扫除如前。常于蜂巢前置水一器，不致渴损。春月蜂盛，一窠只留一王，其余摘之。其有蜂王分窠，群蜂飞去，用碎土撒而收之，别置一窠，其蜂即止……"关于分蜂，其他农书中还有"春暖花开，蜂将分时，先必喧起，俟天气和明……自行分开，若高飞则近，低飞必远，人以杆高悬笠帽召之，三面洒水扬尘阻其出路，蜂自避入笠中，收之，渐时，将笠装于布袋悬空处，至晚移停桶内"的记载，无框养蜂——收蜂如图1-5所示。

刘基在《郁离子·灵丘丈人》中，用147字记载了一家父子两代的养蜂技术——选址建场、蜂群排列、箱具要求、四季管理、蜂群增殖、敌害防治及取蜜原则等经验，对中蜂饲养经验做了较为系统的总结，代表了我国古代养蜂的技术水平。书中记载诱捕蜂群利

图1-5　无框养蜂——收蜂（引自 vitvitskyloutdoorplace. org）

用"以蜜涂桶"的方法，选择场地以"夏不烈日，冬不凝澌。飘风吹而不摇，淋雨沃而不渍"为原则，采取"蜂宜不时扫除，治其虫蚁，夏月勤视，去其乳王，勿使分，分则老蜂衰""以香炷粹其双翼，使不得飞"和在秋末割蜜时保留部分饲料供蜂群越冬食用的管理措施。从"刳木以为蜂之宫"的蜂桶发展到具有上格和下格的方形蜂桶。由此可知，早在700多年前，专业性蜂场在我国已相当普遍。

《农桑经·蜜蜂》中"收蜂之后，见其门户清静，来住不繁，经营不勤，此去兆也"，《花镜·蜜蜂》中"将蜂少过冬，蜂族必皆空"；《蜂儿》中"蜂儿不食人间仓，玉露为酒花为粮"等，都是对蜜蜂特性的正确认识。

明代李时珍在《本草纲目》中指出蜜蜂"嗅花则以须代鼻，采花则以股抱之"等的生物学特性。徐光启在《农政全书》中指出"看当年雨水何如，若雨水调匀，花木茂盛，其蜜必多；若雨水少，花木稀，其蜜必少"，是预测植物泌蜜丰歉的理论。宋应星著《天工开物·蜂蜜》，阐明了农耕与养蜂的关系、蜂蜜来源及南北不同、蜂王交配、收捕分蜂等理论。周文华著《汝南圃史》，记载"四月小满割蜜则蜂盛""取蜜于上格，育子于下格"，即指割取方形蜂桶上层蜜脾。这种上格具有继箱的作用，从下增加蜂巢空间，初步解决了割蜜和繁殖的矛盾。这是当时最先进的中蜂饲养技术，目前，有些地方还在沿用这种方法。另外，方以智的《物理小识》介绍了蜂箱的立体排列方法。

清代养蜂技术和理论都有进步，如关于收蜂，芒种易活秋后易亡，以及分蜂特点、三型蜂及变态认识、继箱应用、专业蜂场发展等。陈扶摇汇辑的《花镜·蜜蜂》、蒲松龄的《农桑经·蜜蜂》等都对中蜂饲养技术和蜜蜂特性做了详细记载。我国第一本养蜂专著——郝懿行的《蜂衙小纪》（图1-6），包括识君臣、坐衙、分族、课蜜、试花、割蜜、相阴阳、知天时、择地利、恶螫人、祝子、逐妇、野蜂、草蜂、杂蜂等15则、1668字，文字简明扼要，内容充实，对历代养蜂技术做了总结，对今天仍有参考借鉴作用。

图1-6 《蜂衙小纪》

我国许多地方志中对当时的蜜蜂资源和养蜂概况都有记载，在蜜蜂多的地方还以"蜜蜂崖""蜜蜂谷""蜜蜂沟""蜜蜂庄"等命名地名，以及养蜂影响大的人的姓氏命名村庄，如郑州的"蜜蜂张村（现在叫'蜜蜂张街道办事处'）"。

清代末年，全国约养中蜂500万群，野生中蜂种群更多。在20世纪20年代，我国引进了西方蜂种、活框蜂箱及其养蜂技术，至1949年，全国饲养蜜蜂50万群，收购蜂蜜8000吨。这一时期，中蜂饲养数量大幅下降，技术没有发展。

2. 蜂产品的应用推广

蜜蜂饲养是伴随着蜂蜜等蜂产品的应用开始的，有关文字记载始于西周时期的《诗经·周颂·小毖》，其中"莫予荓蜂"的警句阐明蜂毒使人受到伤害。秦汉时期的《神农本草经》收载的365味药材中，蜂蜜、蜂蜡和蜂子均属上品药，兼有治病和保健功效：蜂蜜"味甘、平，主心腹邪气、诸惊痫痉、安五脏诸不足，益气补中、止痛解毒，除众病、和百药，久服强志轻身、不饥不老"；蜂蜡"味甘、微温，主下痢脓血，补中，续绝伤金创，益气，不饥不老"；蜂子"味甘、平，主风头、除蛊毒、补虚羸伤中，久服令人光泽、好颜色不老"。香蒲花粉"味甘平，消瘀，止血，聪耳明目……"。

（1）蜂产品用于医药 从前，我国蜜蜂产品主要用于医药。《蜜蜂赋》中称蜂蜜"百药须之以和谐，扁鹊得之而术良"，是对蜂蜜用于医药的真实写照。《黄帝内经》中有"病生于内，其治宜毒药"的治疗原则；《左传》记载"蜂虿有毒"。

1）蜂蜜：东汉早期墓葬品武威医简《治百病方》中，记载了36种丸剂多用白蜜作为冶合剂，蜜丸迄今仍然是中药最常用的丸剂。东汉张仲景著《伤寒论》中的"蜜煎导方"，是治疗虚弱病人便秘的蜂蜜栓剂。李时珍（图1-7）著《本草纲目》第39卷收载蜂蜜、蜂蜡、蜜蜂子词条下均扩展了治验附方，阐述蜂蜜"入药功效有五：清热也，补中也，

图1-7 李时珍（医学家）

解毒也，润燥也，止痛也。生则性凉，故能清热；熟则性温，故能补中；甘而和平，故能解毒；柔而濡泽，故能润燥；缓可以去急，故能止心腹肌肉疮疡之痛；和可以致中，故能调和百药而与甘草同功"。书中还写道："蜂蜜生凉熟温，不冷不燥。得中和之气，故十二脏腑之病，罔不宜之"。

清初名医喻昌著《医门法律》卷五治咳嗽蜜酥煎方："白沙蜜一升，牛酥一升，杏仁三升，去皮尖研如泥，上将杏仁于瓷盆中，用水研取汁五升，净铜锅内勿令油腻垢，先倾三升汁于锅内，刻木记其浅深，减一。又倾汁二升，以缓火煎减所记处，即入蜜酥二味，煎至记处，药成置净瓷器中。每日三次，以温酒调一匙，或以米饮白汤，皆可调服。七日唾色变白，二七唾稀，三七嗽止。此方非独治嗽，兼补虚损，去风燥，悦肌肤，妇人服之尤佳。"

2）蜂蜡：东晋葛洪、唐朝孙思邈都曾先后倡导用热蜂蜡外治的方法。刘禹锡著《传信方》详述了蜂蜡疗法："甘少府治脚转筋兼暴

风通身冰冷如瘫痪者，取蜡半斤，以旧帛紬绢并得约五六寸，看所患大小加减阔狭，先消蜡涂于帛上，看冷热但不过烧人，便趁热缠脚，仍须当脚心便著袜裹脚，待冷即便易之，亦治心躁惊悸，如觉是风毒兼裹两手心"。利用熔化的蜂蜡热敷于机体，通过局部和全身效应以医治疾病的"蜂蜡疗法"，中国晋唐时代已逐步完善，比法国 Barthede Sandford 1909 年倡导的"石蜡疗法"早 1000 多年。

3）蜂子：梁代陶弘景著《名医别录》记载："将蜂子酒渍后敷面令人悦白；蜂子能轻身益气，治心腹痛、面目黄；蜂子主丹毒、风疹、腹内瘤热，利大小便，去浮血，下汁乳，妇女带下病。

（2）蜂产品用于养生 我国古代，不但将蜂蜜、蜂蜡、蜂子和蜂毒用于医药，而且用于美食、美容和长寿。《楚辞·招魂》有"粔籹蜜饵有餦餭，瑶浆蜜勺实羽觞"，证实我国当时已食用蜂蜜与米粉煎制的点心和饮用蜂蜜酒（蜜勺）。西汉《礼记·内则》有"子事父母，枣、栗、饴、蜜以甘之"和帝王贵族以蜂宴客的"爵鷃蜩蚳（蜂）"的记载，说明甜美的蜂蜜被用于孝敬老人，营养价值高的蜂、蝉幼虫是帝王贵族的珍贵食物。

1）蜂蜜：在 1700 年前，先民们已将蜂蜜用于道家养生保健。晋代左思《蜀都赋》中有"丹沙赩炽出其阪，蜜房郁毓被其阜，山图采而得道，赤斧服而不朽"诗句。

《蜜蜂赋》中描写蜂蜜"散似甘露，凝如割肪，冰鲜玉润，髓滑兰香，穷味之美，极甜之长，百药须之以谐和，扁鹊得之而术良，灵娥御之以艳颜"。葛洪《神仙传》记载："飞黄子服中岳石蜜及紫梁得仙"。唐代贾岛曾写下"凿石养蜂休买蜜，坐山秤药不争星"的诗句。唐朝百岁名医甄权《药性论》记载蜂蜜"常服面如花红""神仙方中甚贵此物"。

蜂蜜还用于制造蜂蜜酒等。北宋苏轼曾作"巧夺天工术已新，酿成玉液长精神，迎宾莫道无佳物，蜜酒三杯一醉君"的《蜜酒歌》。《酒小史》记载了苏轼"松花酒"的制造方法："松花粉两升，用绢囊裹入酒五升，浸五日，空腹饮三合。"

《墨庄漫录》记载了苏轼酿造蜜酒的方法："每蜜用四斤，炼熟入热汤，搅成一斗，入好面曲二两，南方白酒饼子米曲一两半，捣细生绢袋盛，都置一器中密封之，大暑中冷下，稍凉温下，天冷即热下，一二日即沸，又数日沸定，酒即清可饮，初全带蜜味，澄之半月，浑是佳酎，方沸时又炼蜜半斤，冷投之尤妙。"

2）花粉：《本草纲目》记载："松花粉和白糖印成糕饼，食之甚佳。"《神农本草经》中称香蒲花粉为药物中的上品，唐代《新修本草》中有收录松花粉（松黄）。

唐朝孟郊中年时患头晕健忘症，医药无效，服食蜜蜂花粉得到治愈，写下"济源寒食七首"，其"蜜蜂辛苦踏花来，抛却黄糜一瓷碗"中的"黄糜"，正是蜜蜂采集的油菜花粉。李商隐于公元847年，身患黄肿和阳痿等疾病，食用蜂花粉脾治愈，因而写下了"健我精神花粉脾，花间蜂儿任东西"的诗句。又作诗："标林蜀黍满山岗，穗条近风飘异香，借问健身何物为，无心摇落玉花黄（注：玉花黄指玉米花粉）。"

宋朝苏轼用诗歌记载了用花粉和蜂蜜等美容的方法和效果："一斤松花不可少，八两蒲黄切莫炒，槐花杏花各五钱，两斤白蜜一起捣，吃也好，浴也好，红白容颜直到老。"

明朝彭大翼著《山堂肆考饮食卷二》记载了唐代女皇武则天延年益寿、健美增艳的方法：令人"四方采集百花花粉，加米兑醋，密封放半秋，晾干与炒米共研，压制成糕，名曰花粉糕"，专供自己享受，也赐予群臣共享。

3）蜂子：唐代刘恂著《岭表录异》记载："土蜂子江东人亦啖之，又有木蜂似土蜂，人亦食其子，然则蜜蜂、土蜂、木蜂、黄蜂子俱可食，大抵蜂类同科，其性效不相远。"又载宣歙人脱蜂子法："大蜂结房于山林间，大如巨钟，其中数百层。采时须以草覆蔽其体，以捍其毒螫，复以烟火熏散其蜂母，乃敢攀缘崖木（图1-8），断其蒂。一房中蜂子或五六斗至一石，以盐炒暴干，寄入京洛，以为方物。"

图1-8　甜蜜的来源
（引自 www.draperbee.com）

《本草纲目》记载："蜂子，即蜜蜂子头足未成时白蛹也，古人以充馔品。其蜂有三种，一种在林木或土穴中作房，为野蜂；一种人家以器收养者，为家蜂，并小而微黄，蜜皆浓美……"宋代著名医学家苏颂著《图经本草》记载："今处处有之，即蜜蜂子也。在蜜脾中如蚕蛹而白色，岭南人取头足未成者油炒食之"。

4）蜂蜡：宋代由太医院编集、国家出版的《太平圣惠方》中的食疗养生抗老方，重视使用蜜、蜡和蜂巢，第97卷收载补虚羸瘦弱乏气力的"白蜜煎丸"方：白蜜、猪（脂）肪、香油和地黄，久服令人肥光好颜色。第94卷神仙绝谷方：黄蜡和蒲黄为丸，令人不饥。神仙服蜂房丸方（首次记述蜂巢的养生保健功效）："右常以九月十五日平旦时，取蜂巢完整者蒸之。阴干，百日千杵、细罗，以炼蜜和丸，如梧子大。每服三丸，以酒下，日三服。老人服之，颜如十五童子也。"

蜂蜡还用于蜡缬（图1-9）、蜡烛等。李商隐在其《无题》中写道"春蚕到死丝方尽，蜡炬成灰泪始干"，则证实了当时已用蜂蜡制造蜡烛，用于祭祀和照明。

图1-9 印有蜜蜂图案的云南蜡染

二 20世纪中叶后的中蜂

1. 中蜂的研究成果

自20世纪10年代引进西方蜜蜂至今，我国一直混同饲养中华蜜蜂和西方蜜蜂，现在约有中蜂200多万群，以生产蜂蜜为主，蜂蜡是其副产品。

20世纪80年代，由全国中蜂协作委员会牵头，组织中国农业科学院蜜蜂研究所及全国多省区单位专家参与，开展了全国中蜂资源调查，并对中蜂生物学规律、饲养技术、良种选育等进行了较深入的研究，其成果以杨冠煌研究员的《中华蜜蜂》、龚一飞教授的《蜜蜂分类与进化》、徐祖荫研究员的《蜂海求索》为代表。近几年来，在中蜂分子生物学方面也进行了深入探讨。进入21世纪，人们利用活框、蜂箱饲养（图1-10和图1-11）或无框箱养和桶养，研究和继承古代养蜂的优良传统，并与现代科技相结合，使中蜂饲养得到了较大的发展。

图1-10　活框蜂箱饲养中蜂　　图1-11　活框蜂箱饲养中蜂巢脾

2. 中蜂的种群变化

中蜂生存方式有两种，一是野生，二是家养。现在，野生中蜂多生存在深山区，家养中蜂在长江以北地区，多饲养在山区、半山区或丘陵与平原结合部，即环境优美、森林覆盖率高的地方。广东、广西、贵州、云南、海南、福建等华南地区和四川、陕西等部分地区饲养中蜂较多。

在20世纪10年代以前，我国仅人工饲养中蜂就达500多万群，20世纪10年代以后，我国引进意蜂和活框饲养方法。由于意蜂入侵（生殖干扰、食物竞争、传染疾病）、人为替换、研究滞后和环境变化等原因，使现在的中蜂仅存250万群左右，生活区域、种群密度大幅缩减，许多地方原来中蜂繁荣昌盛，如今难觅踪迹，甚至在广大平原已经灭绝，这对我国生态、作物授粉等都是巨大损失。

2008年，笔者对河南省中蜂生存环境、数量、饲养概况和经济价值等进行调查研究，结果表明：河南省现有中蜂约7万群，其中被人工饲养的有 4.5 万群，活框蜂箱饲养的占 20%~30%，无框桶养、箱养或窖养的占 70%~80%；野生种群约 3 万群，居住在岩洞或树洞中。这些中蜂主要分布在河南省西部、南部和北部的山区、半山区、平原与山区结合部；中部和东部平原地区，自 20 世纪 50 年代以来逐渐消亡，目前已很难发现中蜂。

在全国范围内，广州、西藏、云南、贵州、四川西部、湖北神农架等南方省份的偏僻地方，还有较多的野生中蜂种群，人工饲养以黄河以南各省为主。近百年来，中蜂种群数量和分布区域减少了 75% 以上，现存中蜂多数呈零星分散状态。

3. 中蜂减少的原因

由于中蜂个体小，在食物上竞争不过西方蜜蜂（被盗），而且中蜂去意蜂巢穴盗取蜂蜜时也常被消灭；在生殖上，中蜂处女蜂王在交配时又受到西方蜜蜂雄蜂的干扰而往往失败，以及疾病的感染，促使中蜂的生存空间越来越少。当今世界，社会经济高速发展，造成环境和蜜源条块分割，植被多样性人为改变，农药毒害频繁发生，加上人认识的偏见和干预，隔断了中蜂扩散和远缘杂交的链条，致使中蜂数量急剧下降。另外，人工饲养的中蜂，由于缺乏科学方法，致使蜂病增加，还有一些人的割蜜杀蜂行为，也加速了中蜂的凋零。

第二节　中蜂的分布与价值

一　中蜂资源

全国除新疆维吾尔自治区和内蒙古自治区北部外，从东南沿海到海拔 4000m 的青藏高原，中蜂都能繁衍和生存。近年来，随着山林的破坏，外来蜂种的引进与发展，环境变化所造成的隔离，使中蜂的栖息地越来越小，分布极不均匀，70% 的中蜂生活在长江以南各省，黄河水系仅限秦岭山脉、大巴山脉和太行山脉较多，东北地区很少。

由于生存地域的影响，中蜂个体和群体大小、生物学特性产生了差异，以性状差异及主要原产地为依据，2011 年的《中国畜禽遗传资源志——蜜蜂志》中，将中蜂分为北方中蜂、华南中蜂、华中中蜂、云贵高原中蜂、长白山中蜂、滇南中蜂、海南中蜂、阿坝中蜂、西藏中蜂 9 个地方品种。

海南中蜂是中蜂中个体最小的一种，群势为 1.25～1.5kg。蜂王日产卵量为 500～700 粒，分蜂性强，在 7～8 月易发生迁徙（飞逃）。抗寒性差，贮蜜力差，利用花粉的能力强。海南中蜂主要分布在海南省，约有 10 万群。

北方中蜂、华南中蜂、华中中蜂、云贵高原中蜂、长白山中蜂、滇南中蜂较为相近，在以前的分类中都归属于东部中蜂。东部中蜂体色灰黄至灰黑，群势为 1.5～3.5kg，是目前人工饲养的主要品种。蜂王平均日产卵量为 900 粒左右，分蜂性、采集力和耐寒性一般，适应于冬冷夏热、蜜源种类多而连续但又比较分散的生态环境，善于利用晚秋和早春蜜源，抗胡蜂和蜂螨能力强。东部中蜂主要分布在广东、浙江、福建、广西、江西、安徽、贵州、湖北、湖南、四川、云南、陕西、河南、山西和吉林等省的丘陵和山区，约有 200 万群。

藏南中蜂个体较大，体色较黑，腹宽，分蜂性和耐寒性强，采集力差，分布在雅鲁藏布江河谷、察隅河、西洛木河、苏班黑河和卡门河等海拔在 2000～4000m 之间的河谷地带，约有 2 万群，其中以墨脱、察隅、错那等县较多。

阿坝中蜂是中蜂中个体最大的一种，体色为黑色，群势为 2.5～3.5kg。蜂王日产卵量为 800～1200 粒，认巢力、分蜂性、采集力和耐寒性都较强，能够利用大宗蜜源。分布在四川的雅砻江流域、大渡河流域的阿坝、甘孜地区，生活在 2000m 以上的高原及山区，约有 15 万群。

二　饲养价值

中蜂的价值有多大？养中蜂是否有效益？据统计，全国中蜂饲养量在 250 万群左右，每年蜂蜜产量约 2.5 万吨，总产值约 25 亿元人民币。根据多年养蜂实践和调查研究，中蜂的饲养价值如下：

1. 经济效益

饲养中蜂是山区农民快速、长期脱贫致富的项目。

实例 1：陕县古称陕州，位于河南省西部，崤山东麓（属秦岭山脉），地貌为中山、低山、丘陵和原川 4 种类型，气候属暖温带大陆性季风气候，冬长春短，四季分明，蜜源植物和中蜂资源非常丰富。该县店子乡几乎家家户户都有蜂窑，养中蜂少者 2 ~ 3 群，多者 100 余群。房前屋后放 1 只木箱，或在向阳的墙壁上挖 1 个窑洞，就有中蜂前来投住，不需花大力气，只要掌握一定的养中蜂知识，对中蜂群简单的照顾，就有所收益。在丹栗坪村，残疾人张雄安养中蜂 40 窑，2008 年无框箱养的每群采蜜 30 余斤[⊖]，活框箱养的每群采蜜达到 70 斤，每斤在当地的收购价为 12 元左右，当年收入约 15000 元。在宽坪村，一个 14 框蜂的中蜂群（下 8 脾上 6 脾），继箱中全是爬满中蜂的封盖蜜脾，这是在当地意蜂也难以达到的群势（图 1-12）。该村一位村民告诉笔者，在 4 月底 5 月上旬，他们夫妻二人将木箱置于山崖，好的时候能诱中蜂 100 余群，一般年景能收 60 余群。

图 1-12　河南省陕县中蜂群势
（下 8 脾上 6 脾）

实例 2：笔者与前中国养蜂学会张复兴理事长、河南陕县残联李让民理事长走访了三门峡市湖滨区一位中年妇女：在 2006 年，一群逃跑的中蜂飞到她家，她请人帮助收回来，于是开始了家庭养中蜂，当年发展到 4 箱中蜂，2007 年变成 10 箱中蜂，截止到 2008 年 10 月发展到 27 箱中蜂，同时采收成熟中蜂蜜 900 余斤。她说："在家不费多少气力，年收入就能达 10000 元，比干啥都强。"她一个人既种农田，又养中蜂，靠这些收入来供应儿子上大学。

2011 年，在河南省南召县五朵山景区，陈正国、陈天峰两位蜂农

⊖　斤为非法计量单位，农民常用。1 斤 = 0.5kg。

利用无框蜂箱养中蜂 110 群，每年收获蜂蜜约 4500 斤，获利 15 万元。

另外，我们在对洛阳市、郑州市和信阳市等地区的调研结果同样表明，在河南省人工饲养的中蜂，每年每群取蜜约 20kg，净收入 500 元左右。中蜂发展较快，只要饲料充足，每年分蜂 3～4 次，即可增加蜂群 3～4 倍。

2. 社会作用

增加就业，解决生活上的困难。

（1）残疾人养蜂，蜂养残疾人　自 2008 年以来，中国养蜂学会和河南陕县残联在陕县店子乡和张汴乡共建养蜂助残基地，帮助残疾人饲养中蜂脱贫自救（图 1-13 和图 1-14）；国家现代蜂产业技术体系新乡综合试验在店子乡建立中蜂试验示范蜂场，为当地饲养中蜂提供技术支撑。搜索互联网，会看到贵阳有群快乐的养蜂残疾人、河北承德宽城为 39 名残疾人开展养蜂技术培训、重庆城口县咸宜镇残疾人养蜂技术培训、福建光泽县残联聘请技术员培训残疾人养蜂技术、福建武平县积极帮助农村残疾人养殖蜜蜂、湖南湘潭县残疾养蜂人创合作社与乡亲共享"甜蜜事业"等许多报道，养蜂成为山区残疾人养家糊口、脱贫自救的好路子。

图 1-13　中国养蜂学会理事长张复兴研究员考察陕县农民养中蜂现场

在山区养 1 箱中蜂按最保守的估计收入也在 200 元以上，养蜂 10 箱完全可以解决当地一家农民的生活问题。对于残疾人来说，利用当地的资源，养 1 群中蜂比养 1 头猪要容易。

（2）山区农民养蜂，蜂助农民脱贫　中蜂饲养多在山区，全国约有 20 万人专业或业余饲养中蜂。房前屋后，饲养 8～10 群中蜂，不但解决生活问题，而且就地解决了山区劳力就业问题。

图1-14 养蜂助残蜂箱发放现场

3. 生态价值

促进结实，维护生态。中蜂能够为我国绝大部分植物授粉，适应本地气候，抗病能力强，是我国自然生态体系和现代农业建设不可缺少的主要授粉昆虫，也是西方蜜蜂不能代替的经济昆虫。蜜蜂为果树、西瓜和作物授粉（图1-15），形成的果形好、甜度大、产量高，对生态的积极贡献是用金钱无法估量的。

图1-15 国家公益性行业专项蜜蜂授粉增产技术集成与
示范河南宁陵梨树蜜蜂授粉试验示范点

三 发展方向

基于养蜂生产发展实际、蜜源植物利用现状，以及作物授粉需要，农业部制定了《全国养蜂业"十二五"发展规划》，到2015年全国中蜂饲养量为350万群。山区及绿化较好的城市都适合中蜂饲养，只要管理科学，都会产生好的效益。另外，在平原地区的农场、果园饲养中蜂授粉，对提高作物质量和产量很有成效。中蜂可以桶养，也可以箱养，并且在今后相当一段时间或某些地区，两种方式并存。但活框饲养是实现中蜂标准化、规模化、产业化和现代化养殖的必由之路，它代表着中蜂的发展方向。发展中蜂，还须做好以下工作：

（1）将发展中蜂纳入规划 在《全国养蜂业"十二五"发展规划》中：华北地区要做好中蜂资源的保护与利用。东北内蒙古地区加强长白山中蜂保护区。华东地区加强对本地中蜂资源的保护和利用，建立皖赣山区、大别山区中蜂资源保护区，安徽、福建、江西3省的山区，以定地为主、小转地为辅饲养中蜂，生产特色蜂蜜。中南地区，在广东、广西和海南以发展中蜂为主，加大对蜜源植物资源和中蜂资源的保护利用力度，建立中蜂保种场和保护区；建立神农架国家级中蜂自然保护区。西南地区中蜂与西蜂发展并举，山区和深山区以发展中蜂饲养为主，利用山区蜜源优势，大力推广中蜂活框饲养技术，着力提高蜂群单产水平，增加养殖效益。西北地区在陕西、甘肃、宁夏在发展西蜂饲养的基础上，充分利用资源优势，在山区发展中蜂，建立中蜂资源保护区，扩大饲养规模，推广中蜂活框饲养技术，提高养蜂生产水平和养殖效益。

（2）生产优质、特色蜂蜜 减少取蜜次数，生产成熟蜂蜜，年年更新巢脾。

（3）建立专业育王蜂场 选育抗病、高产中蜂良种蜂王，向饲养员提供优质生产蜂王，解决中蜂王在有意蜂饲养区交配困难的问题，还能发展城市养中蜂，振兴中蜂事业。

（4）发展山区养中蜂 在广大山区，利用蜜源好、种类多、花连贯的优势，选择抗病能力强、能自然生存的中蜂种群，大力发展山区养中蜂（图1-16），固守中蜂生存基地，而且，能够就地取材，投资少，见效快，利国利民贡献大。因此，注重山区养中蜂知识的普及，切实搞好蜂农科技培训，通过举办现场会、培训班等形式，多渠道、多形式、多层次地培训蜂农，提高中蜂管理技术水平。

图1-16　山区庭院饲养中蜂

（5）**开展中蜂授粉工作**　利用中蜂为山区果树、药材授粉，提高中蜂的利用价值。

四　保障措施

（1）**保护中蜂资源**　中蜂是我国的优良品种资源，应在集中地区建立保护区，例如，在神农架林区、秦岭、太行山区、长白山区等，划出范围，严禁西方蜜蜂侵入，杜绝毁巢（杀蜂）取蜜和买蜂割蜜然后杀蜂的行为。

在《全国养蜂业"十二五"发展规划》中，建设中蜂等资源场15个，保护区8个，完善"国家蜜蜂遗传资源保护中心"，完善资源基因库2个，并建立相应的遗传资源动态监测系统。

引导、加强本地中蜂的提纯复壮工作，慎重引进外来种群，制止滥捕野生中蜂，保留野生中蜂种群基数。

加大中蜂囊状幼虫病等疫病防控技术的研究力度，制订综合防控措施，遏制该病的发生。

（2）**保护蜜源植物**　在山区保护现有蜜源植物的多样性，结合退耕还林、水土保持、飞播造林和自然保护区规划，尽可能多地栽培蜜源植物，使它们的开花期前后衔接，为蜂群提供源源不断的

17

食物。

在平原及城市，与街道绿化、小区美化、道路植树、防风林带和功能林区相结合，将花草、灌木、乔木的栽培有机搭配，地上、空中立体利用，既要符合环境需要、达到预定功能目的，又能兼顾中蜂生存环境的营造。

本书第三章介绍的蜜源，都是在长期实践中，对环境保护、绿化美化、农业生产有积极贡献的植物，在人们改善环境、维护生态的过程中应当考虑。

(3) 加强研究、积极培训传播技术 深入研究中蜂的生物学特性，制造适合中蜂生活习惯的蜂箱，制定科学的、系统的、具有地方特色的饲养技术规范，据此饲养强群，生产优质蜂蜜和蜂蜡，提高产量和效益。同时，要掌握控制中蜂囊状幼虫病的方法和措施，减少疾病发生。

(4) 积极开拓中蜂蜂蜜消费市场 积极培育中蜂产品知名品牌、地方品牌，普及蜂产品知识，通过多种形式开展消费咨询，打击假冒伪劣产品，营造公平竞争的市场环境，维护生产者和消费者权益。

(5) 保护与开发并重 保护是为了更好地让中蜂服务于人类。因此，在9个地方品种分布区，各自选择核心区划出自然保护区，杜绝异地亚种进入，其他地区可以自由买卖蜂群、种王，以培育高产、抗病良种，增加中蜂养殖者的收入。

第二章

中蜂形态与生活习性

第一节　中蜂的形态特征

　　蜜蜂是为人类制造甜蜜和为植物传授花粉的社会性昆虫，它的个体生长发育包括由卵到成虫的整个过程，划分为卵、幼虫、蛹和成虫4个阶段（图2-1），其形态结构和生活形式各不相同。

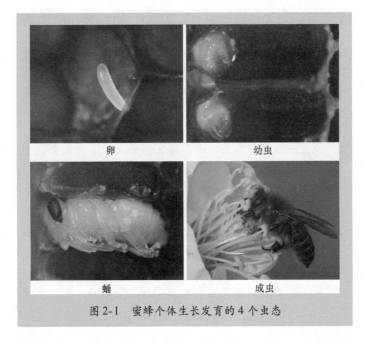

卵　　　　　　　　　　幼虫

蛹　　　　　　　　　　成虫

图2-1　蜜蜂个体生长发育的4个虫态

一 卵、幼虫和蛹

1. 卵

蜜蜂的卵呈香蕉状，乳白色，略透明；两端钝圆，一端稍粗是头部，朝向房口；另一端稍细是腹末，表面有黏液，立足巢房底部。从蜂王产卵开始到卵孵化，约持续 3 天，称为卵期。第三天后，孵出幼虫。

2. 幼虫

从卵孵化到第五次蜕皮结束，称为幼虫期。初孵化的幼虫呈新月形、浅青色，无足，漂浮在巢房底部的食物上。随着生长，体形呈 C 形、环状，白色晶亮，长大后则朝向巢房口发展，1 个小头和 13 个体节明显分化。正常情况下，工蜂未封盖幼虫期约为 5.5 天、蜂王为 5 天和雄蜂为 7 天。

3. 蛹

从幼虫化蛹到羽化出房，称为蛹期。蜜蜂蛹期在封盖巢房内吐丝结茧，组织和器官继续分化和发育，逐渐形成成虫的各种器官。正常情况下，封盖子期工蜂约为 11 天、蜂王为 8 天和雄蜂为 13 天。

蛹变成成虫时，蛹壳裂开，咬破巢房，羽化出房，即是我们在外界看到的蜜蜂。刚羽化的蜜蜂还须经过数天的再发育，才能长成功能齐全的成年中蜂。

二 成虫外部形态

蜜蜂成虫的躯体分为头、胸、腹 3 部分，由多个体节构成。体表是一层几丁质，构成体形，支撑和保护内脏器官；表面密被绒毛，具有保温护体和黏结花粉的作用，有些还具有感觉功能（图 2-2）。

1. 头部

头部是蜜蜂感觉和取食的中心，表面着生眼、触角和口器（图 2-3），里面有腺体、脑和神经节等。头和胸由一个细且具弹性的颈相连。

（1）眼 蜜蜂的眼有复眼和单眼两种。复眼有 1 对，位于头部两侧，大而凸出，为暗褐色，有光泽；复眼由许多表面呈正六边形

图2-2 外部形态

1—头部 2—胸部 3—腹部 4—触角 5—复眼
6—翅 7—后足 8—中足 9—前足 10—口器

的小眼组成。蜜蜂复眼视物为嵌像，对快速移动的物体看得清楚，能迅速记住黄、绿、蓝、紫色，对红色是色盲，追击黑色与毛茸茸的东西。单眼有3个，呈倒三角形排列在两复眼之间与头顶上方。单眼为蜜蜂的第二视觉系统，它对光强度敏感，因此决定了蜜蜂早出晚归。

图2-3 工蜂的头部
（引自 www. ephoto. sk）

（2）触角 触角有1对，着生于颜面中央触角窝，呈膝状，由柄、梗、鞭3节组成，可自由活动，掌管味觉和嗅觉。

（3）口器 蜜蜂的口器由上唇、上颚和喙等组成，适于吸吮花蜜和嚼食花粉。喙与消化道中的蜜囊（前胃）组成采集和贮存运输花蜜的工具。

2. 胸部

胸部是蜜蜂运动的中心，由前胸、中胸、后胸和并胸腹节组成。中胸和后胸的背板两侧各有1对膜质翅，分别称为前翅和后翅，具有飞行和扇风的作用；前胸、中胸、后胸腹板两侧分别着生前足、中足、后足各1对，行使爬行和采集功能。并胸腹节后部突窄形成

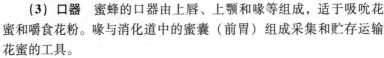

第二章 中蜂形态与生活习性

腹柄而与腹部相连。

（1）翅 蜜蜂翅有 2 对，前翅大于后翅，膜质、透明。翅上有翅脉，是翅的支架；翅上还有翅毛。前翅后缘有卷褶，后翅前缘有 1 列向上的翅勾。静止时，翅水平向后折叠于身体背面；飞翔时，前翅掠过后翅，前翅卷褶与后翅翅勾搭挂——连锁，以增加飞翔力。

> 【提示】 蜜蜂的翅除飞行外，还能扇动气流和振动发声，调节巢内温度和湿度，传递信息。

（2）足 蜜蜂的足分前足、中足和后足，共 3 对，均由基节、转节、股节、胫节和跗节组成（图 2-4）。跗节由 5 个小节组成：基部加长扩展呈长方形的分节叫基跗节，近端部的分节叫前跗节，其端部具有 1 对爪和 1 个中垫，爪用以抓牢表面粗糙的物体，中垫能分泌黏液附着于光滑物体的表面。足的分节有利于蜜蜂灵活运动。

工蜂后足胫节端部宽扁，外侧表面光滑而略凹陷，周边着生向内弯曲的长刚毛，相对环抱，下部偏中央处独生 1 支长刚毛，形成一个可携带花粉的装置——花粉篮（图 2-5）。工蜂搜集到的花粉粒在此堆集成团，携带回巢。

3. 腹部

蜜蜂腹部由一组环节组成，是内脏活动和生殖的中心，螫针和蜡镜是其附属器官。每一可见的腹节都是由 1 片大的背板和 1 片较小的腹板组成，其间由侧膜连接；

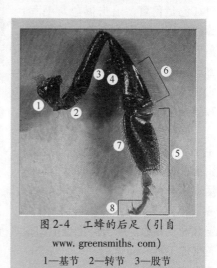

图 2-4　工蜂的后足（引自
www.greensmiths.com）
1—基节　2—转节　3—股节
4—胫节　5—跗节　6—花粉篮
7—基跗节　8—前跗节（爪）

腹节之间由前向后套叠在一起，前后相邻腹节由节间膜连接起来（图 2-6）。

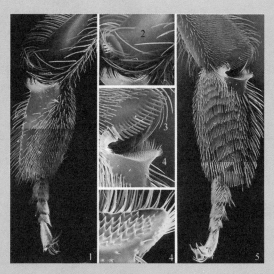

图 2-5 工蜂后足花粉篮（引自 Snodgrass R. E., 1993）

1—外侧，示花粉篮 2—刚毛 3—花粉耙 4—耳状突 5—内侧，示花粉梳

（1）螫针 螫针是蜜蜂的自卫器官，位于腹末。蜜蜂螫人时，螫针同蜂体断开，附着在人的皮肤上继续深入射毒，直到把毒液全部排出为止（图2-7）。失去螫针的工蜂，不久便死亡。

图 2-6 腹部

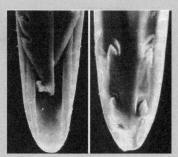

图 2-7 螫针的端部

（引自 Snodgrass R. E. 1993）

（2）蜡镜 在工蜂的第 4 ~ 7 腹板的前部，各具 1 对光滑、透明、卵圆形的蜡镜，是承接蜡液凝固成蜡鳞的地方。

第二节　中蜂的生活习性

中蜂营社会性群体生活，蜂群是其生活和繁殖的基本单位，由蜂王、工蜂和雄蜂 3 种不同职能的个体组成。

一　群体结构

蜂群是一个超级生命体，由单个生命（中蜂）组成有机群体生命（蜂群），而它们生存所依附的蜂巢也是其生命体的一部分。

1. 蜂群

一个蜂群通常由 1 只蜂王、千百只雄蜂和数千只乃至数万只工蜂组成（图 2-8）。蜂王是一群之母，其他所有个体都是它的儿女。工蜂承担着蜂巢内外的一切工作，但它们不能传宗接代；蜂群中的工蜂既有同母同父姐妹，也有同母异父的姐妹，它们分别继承了蜂王与各自父亲的遗传特性。雄蜂与处女蜂王交配、传宗接代，但不采集食物，蜂群中所有的雄蜂都是亲兄弟，它们继承了蜂王的基因特性。

蜂王　　　　　　雄蜂　　　　　　工蜂

图 2-8　蜜蜂的一家（引自 www.dkimages.com）

2. 个体

（1）蜂王 蜂王是由受精卵生成的生殖器官发育完全的雌蜂，具二倍染色体，在蜂群中专司产卵，是蜜蜂品种种性的载体，以其分泌蜂王物质量和产卵量来控制蜂群。蜂王羽化出来后的第 5 ~ 9 天交配，交配 2 ~ 3 天后开始产卵，1 房 1 卵，在工蜂房和王台中产受精卵，在雄蜂房中产无精卵，在蜜源充足时，1 只优良的中蜂王每昼夜可产卵 900 粒。蜂王的寿命在自然情况下为 3 ~ 5 年，其产卵最盛期是头 1 ~ 1.5 年。在养蜂生产中，中蜂蜂王应年年更换。

（2）**工蜂** 工蜂是由受精卵长成的生殖器官发育不完全的雌蜂，不交配，具二倍染色体，有执行巢内外工作的器官。一个具备优良蜂王的中蜂群可拥有 4 万只工蜂，它们担负着蜂群内外的主要工作，并按日龄分工协作，正常情况下不产卵。工蜂的寿命在 3 月份平均为 35 天左右，6 月份约为 30 天，在越冬期达到 180 天或更长。造成工蜂寿命差异的主要因素是培育幼虫和采集食物的劳动强度、温度高低及花粉的丰歉等。

> ⚠ **【注意】** 在正常情况下，强群的工蜂无论在任何季节都比弱群的工蜂寿命长，就是说在相同季节和环境条件下，饲料和群势是影响工蜂寿命的关键。

（3）**雄蜂** 雄蜂是由无精卵发育而成的蜜蜂，具单倍染色体。雄蜂的职能是平衡性比关系和寻求与处女蜂王交配，也承载着蜂群的遗传特性。它是季节性蜜蜂，仅出现在春末和夏季的分蜂季节，其数量每群蜂中数百只不等。雄蜂没有偷盗特性，其寿命最长为 3 ~ 4 个月，平均寿命为 20 天左右，与处女蜂王交配的雄蜂立即死亡。在夏季和冬季食物稀少时，工蜂会赶走雄蜂。

3. 蜂巢

蜂巢是蜜蜂繁衍生息、贮藏粮食的场所，由工蜂泌蜡筑造的多片与地面垂直、间隔并列的巢脾构成（图 2-9），巢脾上布满巢房。野生中蜂常在树洞、岩洞等黑暗的地方筑巢，人工饲养的中蜂，生活在人们特制的蜂箱内，巢房建筑在活动的巢框里，巢脾大小规格一致。中蜂育虫区的巢脾间距（蜂路）约为 9mm，巢脾厚 23mm，贮蜜区巢脾厚 27mm；在自然状态下，中间的巢脾最大，两侧的逐渐缩小，整个蜂巢形似半球，有利于保温御寒；单片巢脾的中下部为育虫区，上方及两侧为贮粉区，贮粉区以外至边缘为贮蜜区（图 2-10）。从整个蜂巢看，中下部为培育蜂子区，外层为饲料区。

图2-9　建筑在树枝下的自然蜂巢
（引自 David L. Green）

贮蜜房

工蜂房

花粉房

雄蜂房

图2-10　小蜜蜂蜂巢
（示：蜂房位置）

新巢脾色泽鲜艳，房壁薄，容量大，不容易招来病菌和滋生巢虫，每年春暖花开季节，将中蜂巢脾割除，让中蜂造新巢脾，或将巢箱的巢脾移到继箱贮存蜂蜜，巢箱放巢框供中蜂建造新巢脾繁殖。

⚠️【注意】　一个健康的中蜂群体，除越冬和越夏外，将不断地建造新的巢脾。

二　个体活动

1. 中蜂个体活动特点

在黑暗的蜂巢里，中蜂利用重力感觉器与地磁力来完成筑巢定位。在来往飞行中，中蜂充分利用视觉和嗅觉的功能，依靠地形、物体与太阳位置等来定位。而在近处则主要根据颜色和气味来寻找巢门位置和食物。在一个狭小的场地住着众多的蜂群，在没有明显标志物时，中蜂也会迷巢，蜂场附近的高压线能影响中蜂的定向。

晴暖无风的天气，一般意蜂活动范围在 2.5km 以内，载重飞行的时速为 20～24km，出巢飞行速度较慢，在逆风条件下常贴地面艰难飞行。中蜂的采集半径约为 1.5km。

通过对中蜂给梨树授粉的研究观察发现，中蜂具有在最近植株上采集的特点，如果在远处（在其飞行范围内）有更丰富、可口的植物泌蜜、散粉的情况下，有些中蜂也会舍近求远，去采集该植物的花蜜和花粉，但距离蜂巢越远，去采集的中蜂就会越少。一天当中，中蜂飞行的时间与植物泌蜜时间相吻合。

2. 食物的采集与加工

蜂群生活所需要的营养物质，都由蜜蜂从外界采集物中获得。中蜂出外采集的食物主要有花蜜和花粉等。

（1）花蜜的采集与酿造　花蜜是植物蜜腺分泌出来的一种甜味液体，是植物招引中蜂和其他昆虫为其异花授粉必不可少的"报酬"。

中蜂工蜂飞向花朵，降落在能够支撑它的任何方便的部位，根据花的芳香和花蕊的指引找到花蜜和花粉，把喙从颏下位置向前伸出，在其达到的范围内把花蜜吮吸干净（图2-11）。有时这个工作需要在飞翔中完成。

花蜜酿造成蜂蜜需要经过两个过程，一要把糖类进行化学转变，二要将多余水分排出。花蜜被中蜂吸进蜜囊的同时即混入了上颚腺的分泌物——转化酶，蔗

图 2-11　采集花蜜

（引自 www. lusen. cn）

糖的转化就从此开始。采集蜂归巢后，把蜜汁分给1至数只内勤蜂，内勤蜂接受蜜汁后，找个安静的地方，头向上，张开上颚，反复伸缩喙，吐出、吸纳蜜珠。20min后，酿蜜蜂爬进蜜房，腹部朝上，将蜜汁涂抹在整个巢房壁上；如果巢房内已有蜂蜜，酿蜜蜂就将蜜汁直接加入。花蜜中的水分，在酿造过程中通过扇风来排除。如此5～7天，经过反复酿造和翻倒，蜜汁不断转化和浓缩，蜂蜜成熟，然后，逐渐被转移至边脾，待蜜房丰满再泌蜡封存。

（2）花粉的收集与制作　花粉是植物的雄性配子，其个体称为花粉粒，由雄蕊花药产生。饲喂幼虫和幼蜂所需的蛋白质、脂肪、矿物质和维生素等，几乎完全来自花粉。

在蜜源植物开花季节，当花粉粒成熟时，花药裂开，散出花粉。中蜂飞向盛开的鲜花，拥抱花蕊，在花丛中跌打滚爬，用全身的绒

毛黏附花粉，然后飞起来用 3 对足将花粉粒收集并堆积在后足花粉篮中，形成球状物——蜂花粉，携带回巢（图 2-12）。

图 2-12　采集花粉（引自 www. greensmiths. com）

　　工蜂携带花粉回巢后，将花粉团卸载到靠近育虫圈的巢（花粉）房中，不久内勤蜂钻进去，将花粉嚼碎夯实，并吐蜜湿润。在蜜蜂唾液和天然乳酸菌的作用下，花粉变成蜂粮。巢房中的蜂粮贮存至 7 成左右，再添加 1 层蜂蜜，最后用蜡封盖，以期长久保存。

　　3. 蜂王受精产卵行为

　　（1）交配与受精　处女蜂王羽化出房后首先与同期羽化出房的其他处女蜂王格斗，幸存者再巡视蜂巢，破坏王台，杀死即将羽化的其他蜂王。5～6 日龄时其性器官发育成熟，于是在晴暖午后飞离蜂巢，在空中与雄蜂交配。处女蜂王与雄蜂交配发生在 5～13 日龄，8～9 日龄是高峰期。通常，处女蜂王在婚飞时与飞在最前边的雄蜂交配，一次婚飞可连续与多个雄蜂交配，并可重复婚飞交配，并将精液贮存于受精囊中。天气越好、适龄雄蜂越多，越有利于交配；在阴雨时期和雄蜂少的场地，处女蜂王受精量少，产卵后常提早被交替。处女蜂王与雄蜂交配多在 2km 以外、15～30m 的高空，在中蜂交尾场地附近，肉眼可看到彗星状的雄蜂急速旋转、移动追逐处女蜂王。处女蜂王的受精囊贮藏上百万的精子，供其一生使用。处女蜂王交配产卵后终生不再交配，除自然分蜂和蜂群迁居外终生不离蜂巢。

　　雄蜂与处女蜂王交配后因失去外生殖器而立即死亡，未获得爱情的雄蜂则回到蜂巢接受工蜂的安慰，期盼着明天或明天的明天与处女蜂王的约会。

（2）产卵与受精　处女蜂王交配后，哺育蜂环护其周，并不时地向蜂王饲喂蜂王浆，搬走蜂王的排泄物；随着卵巢的发育，体重上升，腹部逐渐膨大伸长，行动日趋稳健，在交配2~3天开始产卵。蜂王在巢脾上爬行，每到1个巢房便把头伸进去，以探测巢房大小和环境，然后把头缩回，如果这个巢房是已被工蜂清理好准备接受产卵的空房，蜂王就将头朝下，把腹部插入这个巢房，几秒钟后产完1粒卵，最后把腹部抽回，继续在巢脾上爬行，寻找适合产卵的巢房。

正常情况下，蜂王在每1个巢房产1粒卵，在工蜂房和王台中产受精卵，在雄蜂房中产不受精卵。在缺少产卵房时，蜂王会在产过卵的巢房内重复产卵，但条件改变，这个现象即消失，否则，该蜂王应被淘汰。蜂王产卵，一般从中蜂密集的巢脾中央开始，然后以螺旋形的顺序向四周扩大，再逐渐扩展到左右脾。在巢脾上，产卵范围常呈椭圆形，习惯称之为"产卵圈"，而且中央的产卵圈最大，左右巢脾的依次减小。从整个蜂巢看，产卵区呈一椭圆球体，这有利于育儿保温。

在蜜源充足时，1只优良的中蜂王每昼夜可产900粒卵，这些卵的总重量相当于蜂王本身的重量。蜂王的产卵力与其生殖结构、个体生理条件及蜂群内外环境有关。另外，蜂王永远都趋向在新造巢房中产卵。

卵成熟准备排出时，卵囊泡下端裂开，卵从卵巢管向下移，经侧输卵管到中输卵管，当卵经过受精囊口时，若释放精子，精子由卵孔钻入卵内，在卵内受精。留下的卵囊泡被其上的下一个卵囊泡吸收并被占其位置，卵巢管由于上端不断有新的卵产生、生长，因此恢复了长度（图2-13）。众多的卵巢

黄智勇　摄

图2-13　蜂王的卵巢管

管和上百万的精子，保证了成熟的卵不断排入阴道并受精。

三 群体生活

在四季环境（气候、蜜粉源等）变化和自身适应下，中蜂群体每年都有相似的生活规律，以及在外界特殊作用力下，中蜂群体表现出本能行为的适应性。蜂群健康生长，需要优质的蜂王、一定数量的工蜂和充足优质的饲料。

1. 蜂群的生长

春天，随着冬天结束，蜂王开始产卵，蜂巢温度稳定在 34 ~ 35℃，蜂群由于不断孕育出新个体逐渐长大。在此过程中，蜂群势经过下降、恢复、上升和积累工蜂 4 个阶段，直至达到鼎盛时期，从此蜂群的生长便处于一个动态平衡中。黄河中下游流域，中蜂群势一般在 4 月下旬 ~5 月上旬进入动态平衡。中蜂达到动态平衡时的群势，南方约为 20000 只中蜂，黄河流域约为 30000 只中蜂，这一时期也是生产蜂产品的好时机，如果没有适当的劳动强度，或没有更换老蜂王，则会发生分蜂（蜂群自然增殖）。

2. 蜂群的增殖

蜂群以分蜂的形式扩大种群数量——增殖。分蜂主要集中在早春第一个主要蜜源开花后期和秋季蜜源花期，例如，河南中蜂多在 4 月下旬 ~5 月上旬发生自然分蜂，8 ~9 月也会出现；贵州中蜂多在春季 3 ~5 月，其次是 9 月。分蜂时，老蜂王连同大半数的工蜂结群离去，另筑新巢，开始新的生活；原群留下的中蜂和所有蜂子，待新王出房、交配产卵后，又形成一群，这个过程就叫自然分蜂，为蜂群的繁殖方式，是中蜂社会化生活的本能表现。

在人为干预下，只要食物充足，每年 1 群中蜂可分蜂 4 次，由初春时的 1 群增加到 4 群。

中蜂分蜂前工蜂建造王台，引导蜂王产卵，培育新王；其次，工蜂怠工，减少蜂王食物，蜂王产卵下降，整个蜂群的工作处于停滞状态；分蜂时工蜂簇拥蜂王离开蜂巢，远走高飞另行生活。

3. 越冬和度夏

（1）蜂群越冬 时间从秋末冬初蜂王停止产卵开始，到第二年春天蜂群育儿结束。越冬时间南短北长，海南、广东等省甚至没有越冬期。当气温下降到 6～8℃时，蜂群就集结成蜂团，蜂王在蜂团的中央，全群的中蜂聚集在其周围；蜂团中央的中蜂吃蜜活动，并将产生的热量向蜂团表面输送，使蜂团表面的温度保持在 6～10℃，中心温度处于 12～24℃。在越冬过程中，中间的巢脾往往被啃洞或巢脾下缘被破坏，以利于中蜂活动。

中蜂属于半冬眠昆虫，在越冬期，唯有饮食、运动，获得维持巢穴所需要的最低（蜂群生存）能量。如果饲料消耗殆尽，蜂群会被饿死；如果中蜂产生的能量不足以补偿蜂团表面散失的温度，蜂团外围的中蜂将逐渐被冻死。还有一部分会老死。因此，越过冬天的蜂群，群势会下降。

● 【提示】 群势过小的蜂群将被冻死。

（2）**蜂群度夏** 在长江以南地区，夏季气温高，蜜源少，蜂王停产，群内断子，巢温接近外界气温，中蜂仅进行采水降温活动，这一时期约持续 2 个月。而在蜜源较丰富的地方，蜂群无明显的度夏期。度夏的中蜂代谢比越冬的中蜂强，所以在南方度夏难于越冬。

蜂群度夏同样需要充足的食物和一定的群势。

4. 调节温度和湿度

（1）**温度调节** 中蜂个体温度随气温而变化，蜂群对温度有一定的调控能力。

中蜂个体安全采集温度应不低于 10℃，生长发育的最适巢温是 34～35℃，低于或超过这个温度范围，其生长发育将受到影响，有的死亡，有的虽然能羽化，但是体质差、寿命短和易生病。长期食物不足或蜂、子比例和巢温失调都会使蜂群衰弱不堪。

蜂群对温度有较强的适应能力，1 个 1kg 以上的蜂群（约 12000 只中蜂），在繁殖季节能将培育蜂儿区的温度维持在 34～35℃。蜂群通常以疏散、静止、扇风、采水、离巢等方式降低巢温，以密集、缩小巢门、加快新陈代谢等方式升高巢温。如图 2-14 所示，半球形的蜂巢有利于中蜂团结和保温，热时散开，冷时挤在一起。长时间高温会使蜂王产卵量下降甚至停产，在耐受不了长期高温的情况下会飞逃；而在越冬期，群势过弱会冻死，没有饲料会饿死。

图 2-14　蜂群对温度的适应（引自 www.invasive.org）

（2）湿度调节　夏季，中蜂巢中的相对湿度应达到 90% 左右。中蜂通过采水来增加湿度，通过扇风来降低湿度。在干燥地区或高温季节，应给蜂群适当补充水分。

冬季，蜂巢湿度保持在 75% 左右，采取场地干燥、增大巢门等措施，降低湿度。

实践证明，强群在断子期，抗逆力强，中蜂死亡少，饲料消耗小，能保存实力，繁殖期恢复发展快，能充分利用早春和秋季蜜源。强群培养的工蜂体壮、舌长、蜜囊大、寿命长、采蜜多，而且蜂巢内工作负担相对较轻，一旦遇到泌蜜期就能夺取高产，并有利于生产成熟蜜。强群抵抗巢虫的能力强，不易罹患囊状幼虫病。

四　信息交流

中蜂的社会性生活方式，要求其成员间进行有效的信息传递。它们通过感觉器官、神经系统接受外界和体内各种理化刺激，按固定程序机械性地产生一系列行为反应，整个蜂群中的中蜂内外协调，共同完成采集、繁殖、分蜂、抗御敌害与严寒，使中蜂种群得以生存和繁荣。

1. 本能与反射

本能与反射即是适应性反应，一般受内分泌激素的调节。如蜂王产卵，工蜂筑巢、采酿蜂蜜和蜂粮、饲喂幼虫等都是本能表现。

中蜂对刺激产生反射活动，如遇敌蜇刺、闻烟吸蜜，用浸花糖浆喂蜂，中蜂就倾向探访有该花香气的花朵。

本能与无条件反射都是中蜂种群在长期自然选择过程中所习得的适应性反应，永不消失；条件反射是蜜蜂个体在生活中临时获得的，得之易、失之也快。

2. 信息外激素

信息外激素是中蜂外分泌腺体向体外分泌的多种化学通信物质，这些物质借助中蜂的接触、饲料传递或空气传播，作用于同种的其他个体，引起特定的行为或生理反应。主要有蜂王信息素、蜂子信息素、蜂蜡信息素和工蜂臭腺素等。

（1）**蜂子信息素** 蜂子信息素由中蜂幼虫和蛹分泌散布，主要成分是脂肪族酯和1，2-二油酸-3-棕榈酸甘油酯等，作为雄、雌区别的信息，还有刺激工蜂积极工作的作用。

（2）**蜂蜡信息素** 蜂蜡信息素是由新造巢脾散发出的挥发物，能够促进工蜂积极工作。

（3）**蜂王信息素** 蜂王信息素是由蜂王上颚腺分泌，通过侍卫工蜂传播，起着团结蜂群和抑制工蜂卵巢发育的作用。

（4）**工蜂臭腺素** 当中蜂受到威胁时，就高翘腹部，伸出螫针向来犯者示威，同时露出臭腺，扇动翅膀，将携带密码的香气报告给伙伴，于是，群起攻击来犯之敌。

> **【提示】** 在植物开花泌蜜期，蜂王年轻、蜂巢内有适量幼虫、积极造脾会增加蜂蜜产量。

3. 中蜂的舞蹈

中蜂在巢脾上用有规律的跑步和扭动腹部来传递信息进行交流（图2-15），类似人的"哑语"或"旗语"。

（1）**圆舞** 中蜂在巢脾上快速左右转圈，向跟随它的同伴展示丰美的食物就在附近（100m以内）。

（2）**8字舞** 又称为摆尾舞。中蜂在巢脾上沿直线快速摆动腹部跑步，然后转半圆回到起点，再沿这条直线小径重复舞动跑步，并向另一边转半圆回到起点，如此快速转8字形圈，向跟随它的同伴诉说甜蜜还在远方，鲜花在它的头和太阳连线与竖直线交角相对应的方向上。于是，群芳麇至，将食物搬运回家。

图 2-15　中蜂的舞蹈（引自
《BIOLOGY》- LIFE ON EARTH, THIRD)

　　食物越丰富、适口（甜度与气味）、距离越近，舞蹈蜂就越多、跳舞就越积极、单位时间内直跑次数就越多（表 2-1）。

表 2-1　中蜂摆尾舞直跑次数与距离的关系

距离/m	每15s直跑次数
100	9~10
600	7
1000	4
6000	2

　　当一个新的中蜂王国诞生（分蜂）时，中蜂通过舞蹈比赛来确定未来的家园。

　　4. 中蜂的声音

　　蜂声是中蜂的有声语言，如中蜂跳分蜂舞时的呼呼声，似分蜂出发的动员令，"呼声"发出，中蜂便倾巢而出；中蜂围困蜂王时，发出一种快速、连续、刺耳的吱吱声，工蜂闻之，就会从四面八方快速向"吱吱"声音处爬行集中，使围困蜂王的蜂球越结越大，直到把蜂王闷死；当蜂王丢失时，工蜂会发出悲伤的无希望的哀鸣声；受到惊扰或胡蜂进攻时，在原地集体快速振动身体，发出唧唧地整齐划一的蜂声，向来犯之敌示威和恐吓。

食物是中蜂生存的基本条件之一，充足优质的食物也是养好中蜂获得高产的基础。中蜂专以花蜜和花粉为食，自然情况下，食物是指蜂蜜和蜂粮，它们来源于蜜粉源植物。另外，蜂乳（蜂王浆）是小幼虫和蜂王必不可少的食物，水是生命活动的物质。

如果蜂群营养充分，中蜂就会健康，获得好收成；如果蜂群缺乏营养，中蜂就会衰弱，得不到效益。

1. 糖类化合物

（1）蜂蜜 蜂蜜是由工蜂采集花蜜并经过酿造而来，为蜜蜂生命活动提供能量。蜂蜜（图2-16）中含有180余种物质，其主要成分是果糖和葡萄糖，约占总成分的75%；其次是水分，含量约为20%；另外还有蔗糖、麦芽糖、少量多糖及氨基酸、维生素、矿物质、酶类、芳香物质、色素、激素和有机酸等。

（2）白糖 白糖是由甘蔗和甜菜榨出的汁液制成的精糖，主要成分为蔗糖，分白砂糖和绵白糖两种，养蜂上常用的是一级白砂糖。在没有蜜源开花季节，常作为蜂蜜的替代饲料。

2. 蛋白质食物

（1）蜂粮 蜂粮是由工蜂采集花粉并经过加工形成（图2-17），为中蜂生长发育提供蛋白质。花粉是中蜂食物中蛋白质、脂肪、维生素、矿物质的主要来源，为中蜂生长发育的必需品。花粉中含有

图2-16 蜂蜜

图2-17 蜂粮

第二章 中蜂形态与生活习性

8%~40%的蛋白质、30%的糖类、20%的脂肪及多种维生素、矿物质、酶与辅酶类、甾醇类、牛磺酸和色素等。

（2）蜂王浆 蜂王浆由工蜂的王浆腺和上颚腺分泌，为蜂王的食物（图2-18）及工蜂和雄蜂小幼虫的乳汁（图2-19），统称为蜂王浆，其主要成分是蛋白质和水。在蜂王的生长发育和产卵期都必须有充足的蜂王浆供应。

图2-18　蜂王浆　　　　图2-19　工蜂浆——蜂乳

（引自《蜜蜂挂图》）

蜂王吃的蜂王浆和中蜂小幼虫喝的蜂乳汁，虽然都是由工蜂王浆腺和上颚腺分泌形成，并统称为蜂王浆，但两者的颜色、成分是有区别的。

3. 水分

水分由工蜂从外界采集获得，在蜜蜂活动时期，1群蜂每日需水量约200g，1个强群日采水量可达400g。

—— 第三章 ——
蜜源植物与养蜂工具

丰富优质的蜜源是饲养中蜂的基础，先进实用的工具是养好中蜂、获得效益的必要条件。

第一节　蜜源植物

中蜂的食物是蜂蜜和蜂粮，来源于植物花朵分泌的花蜜和散出的花粉，蜂蜜为蜂群提供能量，蜂粮为蜂群提供蛋白质。凡是为中蜂提供花蜜和花粉的植物或其中之一的，统称蜜源植物。

一　蜜源知识

花是植物的生殖器官，是植物果实、种子形成的基础。一朵花由花柄（花梗）、花托、花萼、花冠、雄蕊、雌蕊和蜜腺等部分组成（图3-1），蜜腺分泌花蜜（图3-2），雄蕊散发花粉。

（1）花蜜　绿色植物光合作用所产生的有机物质，用于建造自身器官和支付生命活动的能量消耗，剩余部分积累并贮存于植物某些薄壁组织中，在开花时，则以甜蜜的形式通过蜜腺分泌到体外，即花蜜（图3-2），用来招徕昆虫或其他动物为其传粉。

（2）花粉　花粉是植物的（雄）性细胞，在花药里生长发育，植物开花时，花粉成熟即从花药开裂处散发出来。一方面作为雌蕊的受精载体，另一方面作为食物吸引媒介动物为其传播。

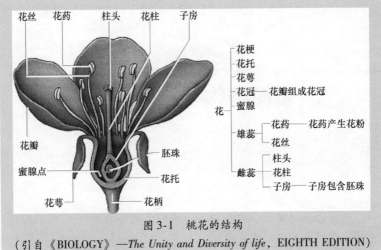

花丝　花药　柱头　花柱　子房

花梗
花托
花萼
花冠——花瓣组成花冠
蜜腺

花瓣
蜜腺点
花萼
花柄

胚珠
花托

花｛
雄蕊｛花药——花药产生花粉
　　　花丝
雌蕊｛柱头
　　　花柱
　　　子房——子房包含胚珠

图 3-1　桃花的结构

（引自《BIOLOGY》—*The Unity and Diversity of life*，EIGHTH EDITION）

（3）影响泌蜜散粉的因素　影响植物开花泌蜜散粉的因素，一是植物本身特性，如遗传因素、花的位置和大年小年等；二是外界环境条件，如光照与气温、湿度与降雨、刮风与沙尘、向阳或河谷等；三是人为影响，如栽培技术、生长好坏、农药喷洒、激素应用等。

一般说来，阳光充足、雨水适中、风和日丽、温度

图 3-2 花蜜的产生——蜜腺分泌的甜汁（一品红）

15~35℃、植株健康的植物分泌花蜜和散粉较好，反之则差。

二　主要蜜源植物

能够被中蜂利用并能生产出单一花种蜂蜜的蜜源植物约有 20 余种，主要生长在山区，靠近山区的平原地带也被转地中蜂利用。

（1）党参（图 3-3）　党参属于桔梗科草本药材蜜源，以甘肃、

陕西、山西、宁夏种植较多。党参花期从 7 月下旬至 9 月中旬，长达 50 天。党参花期长、泌蜜量大，3 年生党参泌蜜好。

（2）**柑橘**（图 3-4） 柑橘属于芸香科的常绿乔木或灌木类果树，分为柑、橘、橙 3 类。分布在秦岭、江淮流域及其以南地区。多数在 4 月中旬开花。群体花期 20 天以上，泌蜜期仅 10 天左右。中蜂群 1 个花期内可采蜜 10kg。柑橘花粉呈黄色，有利于蜂群繁殖。柑橘花期天气晴朗，则蜂蜜产量大，反之则减产。蜜蜂是柑橘异花授粉的最好媒介，产量可提高 1 ~ 3 倍，通常每公顷放中蜂 2 ~ 3 群，分组分散在果园里的向阳地段。

图 3-3 党参（引自 www.em.ca） 　　　　图 3-4 柑橘

（3）**荔枝**（图 3-5） 荔枝属于无患子科的乔木果树。主要产地为广东、福建、广西，其次是四川和台湾，全国约有 6.7 万公顷。1 ~ 5 月开花，花期 30 天，泌蜜盛期 20 天。雌、雄开花有间歇期，夜晚泌蜜，泌蜜有大小年现象。中蜂可转地集中采集荔枝蜜。

（4）**枇杷**（图 3-6） 枇杷属于蔷薇科常绿小乔木果树。浙江余杭、黄岩，安徽歙县，江苏苏州，福建莆田、福清、云霄，湖北阳新等地栽培最为集中，近些年来，河南等地作为城市绿化树种栽培。枇杷在安徽、江苏、浙江 11 ~ 12 月开花，在福建 11 月至第二年 1 月开花，花期长达 30 ~ 35 天。枇杷在 18 ~ 22℃、昼夜温差大的南风天气，相对湿度为60%~70%时泌蜜最多，中蜂集中在中午前后采集。刮北风遇寒潮不泌蜜。1群蜂可采蜜5~10kg。枇杷花粉为黄色，数量较多，有利于蜂群繁殖。

图3-5 荔枝　　　　　　　　　图3-6 枇杷

（5）酸枣　酸枣又名山枣等，鼠李科落叶灌木或小乔木，主产于太行山一带，以河北南部的邢台为主，其次为新疆、山西、河北、河南、陕西等地，中南各省亦有分布。多野生，小枝呈"之"字形弯曲，为紫褐色。树势较强。枝、叶、花、果与大枣相似。其适应性较普通枣强、花期长。花期为5~7月。是中蜂的主要蜜源。

（6）龙眼　龙眼又名桂圆，属于无患子科常绿乔木、亚热带栽培果树。海南岛和云南省东南部有野生龙眼，以福建、广东、广西栽种最多，其次为四川和台湾。福建的龙眼集中在东南沿海各县市。龙眼树在海南岛3~4月开花，广东和广西4~5月开花，福建4月下旬~6月上旬开花，四川5月中旬~6月上旬开花。花期长达30~45天，泌蜜期为15~20天。龙眼开花泌蜜有明显大小年现象，大年天气正常，每群蜜蜂可采蜜5~10kg。龙眼花粉少，不能满足蜂群繁殖要求。由于龙眼花期正值南方雨季，是产量高但不稳产的蜜源植物。龙眼夜间开花泌蜜，泌蜜适宜温度为24~26℃。

晴天夜间温暖的南风天气，相对湿度 70% ~ 80%，泌蜜量大。花期遇北风、西北风或西南风不泌蜜。果树花期，要预防中蜂农药、激素中毒。

（7）草木樨 草木樨属于豆科牧草。分布在陕西、内蒙古、辽宁、黑龙江、吉林、河北、甘肃、宁夏、山西、新疆等地。6 月中旬 ~ 8 月开花，盛花期为 30 ~ 40 天。白香草木樨花小而数量多，花蜜、花粉均丰富。

（8）椴树属 椴树属主要蜜源有紫椴和糠椴，落叶乔木，以长白山和兴安岭林区最多、泌蜜最好。

紫椴花期在 6 月下旬 ~ 7 月中下旬，开花持续 20 天以上，泌蜜期为 15 ~ 20 天。紫椴开花泌蜜大小年明显，但由于自然条件影响，也有大年不丰收、小年不歉收的情况。糠椴开花比紫椴迟 7 天左右，泌蜜期为 20 天以上。

（9）枔（图 3-7） 枔为乔木，又名野桂花，为山茶科枔属蜜源植物的总称。枔生长在长江流域及其以南各省、自治区的广大丘陵和山区，江西的萍乡、宜春、铜鼓、修水、武宁、万载，湖南的平江、浏阳，湖北的崇阳等地，枔的种类多，数量大，开花期长达 4 个多月，是我国野桂花蜜的重要产区。枔花大部分被中蜂所利用，浅山区西方蜜蜂也能采蜜。同一种枔有相对稳定的开花期，群体花期为 10 ~ 15 天，单株为 7 ~ 10 天。不同种的枔交错开花，花期从 10 月到第二年 3 月。中蜂常年每群蜂产蜜 20 ~ 30kg，丰年可达 50 ~ 60kg。枔雄花先开，中蜂积极采粉，中午以后，雌花开，泌蜜丰富，在温暖的晴天，花蜜可布满花冠。枔花泌蜜受气候影响较大，在夜晚凉爽、晨有轻霜、白天无风或微风、天气晴朗、气温 15℃以上时泌蜜量大；在阴天甚至小雨天，只要气温较高，仍然泌蜜，中蜂照常采集。最忌花前过分干旱或开花期低温阴雨。

（10）荆条（图 3-8） 荆条属于马鞭草科的灌木丛。有紫荆条、红荆条和白荆条等，主要分布在河南和湖北山区、北京郊区、河北承德、山西东南部、辽宁西部和山东沂蒙山区。6 ~ 8 月开花，花期为 40 天左右。1 个强群可取蜜 25kg。

尤方东 摄

图 3-7 枪　　　　　　　图 3-8 荆条

（11）**乌桕**　乌桕属于大戟科乌桕属蜜源植物，其中栽培的乌桕和山区野生的山乌桕均为南方夏季主要蜜源植物。

1）乌桕：落叶乔木，分布在长江流域以南各省区，6 月上旬～7 月中旬开花。

2）山乌桕：落叶乔木，生长在江西省的赣州、吉安、宜春、井冈山等地，湖北大悟、应山和红安，贵州的遵义，以及福建、湖南、广东、广西、安徽等地。在江西 6 月上旬～7 月上旬开花，整个花期为 40 天左右，泌蜜盛期为 20～25 天，是山区中蜂最重要的蜜源之一。

（12）**桉树**　桉树泛指桃金娘科桉属的夏、秋、冬开花的优良蜜源植物，乔木。分布于四川、云南、海南、广东、广西、福建、贵州，6 月至第二年 2 月开花，每群蜂生产蜂蜜 5kg。

（13）**密花香薷**　密花香薷属于唇形科草本蜜源，分布在河南三门峡市、宁夏南部山区、青海东部、甘肃的河西走廊及新疆的天山北坡。7 月上中旬～9 月上中旬开花，泌蜜盛期在 7 月中旬～8 月中旬。

（14）**野坝子**（**图 3-9**）　野坝子属于唇形科多年生灌木状草本蜜源。主要生长在云南、四川西南部、贵州西部。10 月中旬～

42

12月中旬开花，花期为40~50天。常年每群蜂可采蜜10kg左右，并能采够越冬饲料。花粉少，单一野坝子蜜源场地不能满足蜂群繁殖需要。

（15）车轴草 车轴草又名三叶草，有红车轴草和白车轴草，属于豆科多年生花卉和牧草、绿肥作物，城市夏季主要蜜源。分布在江苏、江西、浙江、安徽、云南、贵州、湖北、辽宁、吉林、黑龙江和河南等省。4~9月有花开，5~8月集中泌蜜。每群蜂采红车轴草蜜3~5kg。

（16）野菊花（图3-10） 野菊花为菊科多年生野生草本植物，高0.25~1m，头状花序，呈类球形，直径为0.3~1cm，为棕黄色。生长在山坡草地、灌丛、田边、路旁，主要分布于吉林、辽宁、河北、河南、山西、陕西、甘肃、青海、新疆、山东、江苏、浙江、安徽、福建、江西、湖北、四川、广东深圳、云南、湖南等地。花期为6~11月，以9~10月菊利用最好，每群中蜂可采蜜5kg左右。

图3-9 野坝子

图3-10 野菊花

（17）鸭脚木（八叶五加） 鸭脚木又名鹅掌柴，是被子植物门五加科、热带和亚热带地区常绿阔叶林中的常绿灌木或乔木。原产于大洋洲、中国广东和福建。分枝多，掌状复叶，圆锥状花序，小花为浅红色，花期为11~12月。东南沿海中蜂生产的冬蜜即指鸭脚木蜜。

（18）黄刺玫 黄刺玫为蔷薇科落叶灌木，小枝为褐色或褐红色，具刺。花为黄色，单瓣或重瓣，无苞片。花期为 5～6 月。果呈球形，为红黄色。花粉丰富，对中蜂繁殖分蜂有重要意义。

（19）盐肤木（五倍子树） 盐肤木为漆树科小乔木或灌木状，圆锥花序被锈色柔毛，雄花序（30～40cm）较雌花序长。除东北、内蒙古和新疆外，其余省区均有分布。花期为 8～9 月，蜂蜜色黄味小苦。

（20）山葡萄 山葡萄又名野葡萄，是葡萄科落叶藤本。藤长可达 15m 以上，树皮为暗褐色或红褐色，藤匍匐或攀附于其他树木上。卷须顶端与叶对生。单叶互生、深绿色、宽卵形，秋季叶常变红。圆锥花序与叶对生，花小而多、黄绿色。雌雄异株。果为圆球形浆果，黑紫色带蓝白色果霜。花期为 5～6 月。分布于河南、山西、黑龙江、吉林、辽宁、内蒙古等地，生长于海拔 200～1200m 的山坡、沟谷林中及灌丛中。

三 辅助蜜源植物

除主要蜜源植物外，我国能被中蜂利用的重要蜜源植物有 130 余种。

（1）林木类 马尾松（甘露）、桉树、杨树[一]、旱（垂）柳、刺槐（洋槐）、槐树、椿树（臭椿）、女贞（白蜡树）、楝树（苦楝）、橡胶树、粗糠柴（香桂树）、漆树、柽柳（西湖柳）、杜鹃（映山红）、泡桐（兰考泡桐）、水锦树、六道木、栾树、紫穗槐、石栎（蜜苦）。

（2）果树类 枣树、板栗树、苹果树、梨树、猕猴桃树、沙枣树（银柳）、柿树、山楂树、柳兰树、核桃树。

（3）作物类 荞麦、油菜、芝麻、棉花、向日葵、芝麻菜（芸芥）、茴香（小茴香）、槿麻（洋麻、黄红麻，主要产生甘露）、罂粟（阿芙蓉）、蚕豆（胡豆）、驴豆（红豆草）、韭菜、芫荽（香菜）、油茶、棕榈树、辣椒、烟叶、西瓜、南瓜、西葫芦、香瓜、冬瓜、丝瓜、玉米[一]（玉蜀黍，少数年份产生蜜露）、水稻[一]、高粱[一]、荷花[一]（莲

[一] 以散粉为主。

花、莲）、大豆、大葱、茶树。

（4）花草类 紫云英（红花）、毛叶苕子（长毛野豌豆）、光叶苕子（广布野豌豆）、老瓜头（牛心朴子）、紫花苜蓿、石楠、田菁（盐蒿）、水蓼（辣蓼）、小檗（秦岭小檗）、蓝花子、悬钩子（牛叠肚）、苦豆子、骆驼刺、沙打旺（直立黄芪）、膜荚黄芪（东北黄耆）、牛奶子、岗松（铁扫把）、大花菟丝子、薇孔草、葎草（啦啦秧）、瓦松、野草香（野苏麻）、紫苏（白苏）、薰衣草、东紫苏（米团花）、百里香（地椒）、鸡骨柴（酒药花）、香薷（山苏子）、柴荆芥（山苏子、木香薷）、牛至（满坡香）、瑞苓草、大蓟、芒（芭茅）、补龙胆、大叶白麻、火棘、铜锤草。

（5）药材类 丹参、夏枯草（牛抵头）、桔梗、五味子、益母草、宁夏枸杞（中宁枸杞）、黄连（三探针）、苦参、薄荷（留兰香）、君迁子（软枣）、甘草、怀牛膝、当归（秦归）、茵陈蒿（黄蒿）、中华补血草、麻黄、黄连、地黄、冬凌草、冬茱萸。

（6）灌木类 野皂荚（麻箭杈针）、胡枝子、白刺花（狼牙刺）、冬青（红冬青）、黄栌（黄栌柴，蜜露）、杜英、越橘（短尾越橘）。

第二节 养蜂工具

工具是生产力水平的标志，科学的养蜂设备可以提高生产效率，生产出高质量的产品。

一 基本工具

1. 蜂箱

（1）蜂箱的类型和制作要求 蜂箱是用杉木、红松或桐木等制作的一个内空的封闭空间，供蜜蜂繁衍生息和制造、贮存食物，也是养蜂及生产的基本工具。广义的蜂箱包括活框蜂箱和无框蜂箱（图3-11），无框蜂箱有圆形蜂桶和方形木箱，它们或立或卧，大小不一，共同特点是巢脾附着在箱壁或箱顶上，割蜜生产；活框蜂箱大小也不一样，有单箱体，也有多箱体，共同特点是巢脾结在可以提出来的巢框上。由于地理、气候和蜜源差异，造成中蜂个体大小、群体数量不同，在长期的生产实践中，各地产生了适合当地中蜂饲养模式和大小、样式不同的蜂箱。狭义的蜂箱仅指活框蜂箱，它是蜂箱改良的方向。

图3-11　饲养中蜂的蜂箱
1—济源蜂桶（河南）2—神农架蜂桶（湖北）3—神农架方形无框蜂箱（湖北）4—南阳方形无框蜂箱（河南）5—活框蜂箱（海南）6—活框蜂箱（江西）7—豫蜂活框中蜂蜂箱（河南）

因为中蜂的生长发育和蜂产品的形成都是蜂群在蜂箱中完成的，所以无论活框或无框，在设计和制作蜂箱时都必须考虑中蜂的生活特性，还要适应人们生产的需要。目前，饲养中蜂的蜂箱有活框和无框两种。

活框蜂箱的制作原理和部件基本相同，但因地方不同或管理方式差异，其形状有方也有圆（图3-12），尺寸大小不一，但都遵循了适合当地中蜂生长特性、方便管理和生产、提高产量的原则，我国使用的活框蜂箱主要有

图3-12　圆形蜂箱

中蜂十框标准箱和沅陵式、高仄式、从化式、中一式等（表3-1）。另外，还有一部分群众使用郎氏意蜂标准蜂箱饲养中蜂，增加了各种蜂具的通用性。

表 3-1　部分地区使用的蜂箱　　　（单位：mm）

技术参数		从化式中蜂箱	高仄式中蜂箱	中一式中蜂箱①	中蜂十框蜂箱	郎氏十框意蜂箱
巢脾中心距		32 或 35	33	32	32	35
巢框内围（高×宽）	继箱	—	—	—	400×100	429×200/429×132
	底箱	350×215	244×309	385×220	400×220	429×200
巢框厚度		25	25	25	25	27
每个箱体容框数/个		12	14	16	10	10
箱体内围（长×宽×高）	继箱	—	—	—	440×370×135	465×372×245/465×372×145
	底箱	386×462×260	280×465×350	421×552×271	440×370×270	465×372×265
框间蜂路		7 或 10	8	7	8	8
上蜂路		8	7	7	8	8
前后蜂路		8	8	8	10	8
下蜂路	继箱	—	—	—	2	5
	底箱	20	10 或 17	14	20	25
特点		可以多群同箱饲养；便于春繁、越冬和集中群势采蜜	有利春繁和越冬，预防中囊病	可以双群同箱饲养；春繁好、群势大和采蜜好	早春双群同箱繁殖，浅继箱贮取蜜	蜂具通用
使用地区		广东省从化市	黄河以北地区	四川省南部地区	全国	世界各地意蜂区

① 沅陵式和中笼式与中一式相似。

　　无框蜂箱有圆桶形、长方形，直立或横卧，主要考虑中蜂生活习性和当下减少疾病。

　　无论是活框蜂箱还是无框蜂箱，凡是通过向上叠加（继）箱体扩大蜂巢的称为叠加式蜂箱，通过侧向增加巢脾扩大蜂巢的称为横卧式蜂箱。叠加式活框蜂箱合乎中蜂向上贮蜜的习性，搬运方便，适于专业化和现代化饲养管理，因此，这类蜂箱是养蜂生产中最重要的蜂箱类型。以下介绍活框蜂箱饲养中蜂的有关蜂具，无框蜂箱饲养中蜂的蜂具在相应章节中说明。

　　（2）活框蜂箱的基本结构　活框蜂箱由巢框、箱体、箱盖、副盖、巢门板等部件和隔板、闸板等附件构成（图3-13）。

　　1）箱盖：在蜂箱的最上层，用于保护蜂巢免遭烈日的曝晒和风雨的侵袭，并有助于箱内维持一定的温度和湿度。

　　2）副盖：有铁纱网状和木板两种，盖在箱体上，使箱体与箱盖之间更加严密，防止中蜂出入。铁纱副盖须配备 1 块与其大小相同的布覆盖，木板副盖或盖布起保温、保湿和遮阳作用。

　　3）隔板：为形状和大小与巢框基本相同的一块木板，厚度为 10mm。

图 3-13　活框蜂箱的基本结构

每个箱体配置 1 块，使用时悬挂在巢脾外侧。既可避免巢脾外露，减少蜂巢温度和湿度的散失，又可防止中蜂在箱内多余的空间筑造赘脾。

　　4）闸板：形似隔板，宽度和高度分别与巢箱的内围长度和高度相同。用于把巢箱纵隔成互不相通的两个或多个区域，以便同箱饲养两个或多个蜂群。

5）巢门板：为巢门堵板，具有可开关和调节巢穴口大小的小木块。

6）箱底：处于蜂箱的最底层，一般与巢箱联成整体，用于保护蜂巢。有些为了方便清除箱底杂物，将箱底制成独立的一个部件，随时可与箱体分离。

7）箱体：包括巢箱和继箱，都是由4块木板合围而成的长方体，箱板采用L形槽接缝，四角开直榫相接合。箱体上沿开L形槽——承受巢框用的槽。

巢箱是最下层箱体，供中蜂繁殖。继箱叠加在巢箱上方，是用于扩大蜂巢的箱体。继箱的长和宽与巢箱的相同，高度与巢箱相同的为深继箱，巢框通用，供蜂群繁殖或贮蜜。高度约为巢箱1/2的为浅继箱，其巢框也约为巢箱的1/2，用于生产分离蜜、巢蜜或作为饲料箱。

8）巢框：由上梁、侧条和下梁构成，用于固定和保护巢脾，悬挂在框槽上，可水平调动和从上方提出。巢框上梁腹面中央开一条深3mm、宽6mm的槽——础沟，为巢框承接巢础处（图3-14和图3-15）。两侧条中线有等距离的3～4个孔，供穿线固定巢础用。

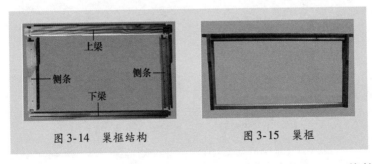

图3-14　巢框结构　　　　　图3-15　巢框

（3）中蜂十框标准箱　中蜂十框标准箱即GB 3607—83蜂箱，简称"中标箱"，1983年被国家标准局批准为我国饲养中蜂的十框标准蜂箱，并于1984年开始实施，适合我国中蜂在部分地区饲养。中蜂十框标准箱由巢箱、继箱、巢框、箱盖、纱副盖、木副盖、隔板、闸板和巢门板等部件构成，蜂箱的各部件和尺寸大小如图3-16

所示；巢脾中心距为 32mm，框间蜂路为 8mm，前后蜂路为 10mm，上蜂路为 8mm，继箱下蜂路为 2mm，巢箱下蜂路为 20mm。

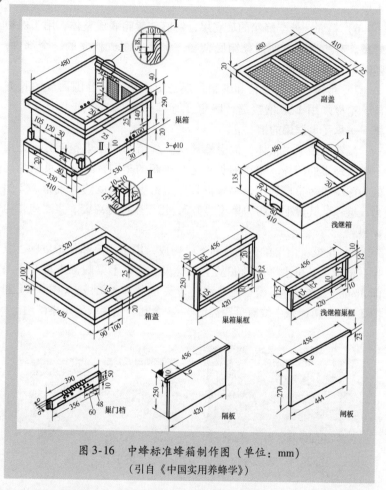

图 3-16 中蜂标准蜂箱制作图（单位：mm）

（引自《中国实用养蜂学》）

采用这种蜂箱，早春双群同箱繁殖，采蜜期使用单王和用浅继箱。

（4）豫蜂中蜂蜂箱 豫蜂中蜂蜂箱是一种增加巢箱下部活动空间、向上累加继箱扩大蜂巢并适合河南养蜂生产的中蜂蜂箱（图 3-17）。

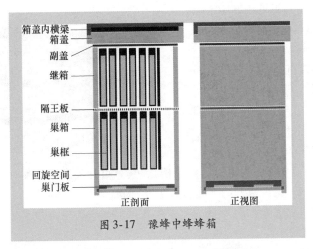

正剖面　　　　　　　正视图

图3-17　豫蜂中蜂蜂箱

1）巢箱：蜂箱箱身左右内宽275mm、前后内长370mm、高300mm。箱沿内开深16mm、宽10mm的L形槽——框槽，用来放置巢框框耳。前后箱壁厚22mm，左右箱壁厚20mm。

2）继箱：分深继箱和浅继箱两种，每套蜂箱配备深继箱1个，或浅继箱2~4个。深继箱可作为贮蜜箱，或与巢箱互换作为越冬箱体；浅继箱仅作为贮蜜箱，或临时用作饲料箱。

深继箱高252mm、宽315mm、长（前后）414mm。箱沿内开深16mm、宽10mm的L形槽，用来放置巢框框耳；前箱壁下沿偏左或偏右横开70mm、高5~7mm的巢门1个。前后箱壁厚22mm，左右箱壁厚20mm。

浅继箱高145mm、宽315mm、长（前后）414mm。箱沿内开深16mm、宽10mm的L形槽，用来放置巢框框耳。前后箱壁厚22mm，左右箱壁厚20mm。另外，根据巢蜜生产需要，箱高随巢蜜盒（格）大小有所变动。

3）巢框：与箱体配套，有深巢框和浅巢框两种（图3-18）。深继箱与巢箱的巢框通用，内高210mm、内宽334mm，高宽比约为2:3。框梁长386mm、宽20mm、厚20mm；侧条高230mm、宽20mm、厚10mm；下梁长325mm、宽12mm、厚10mm。每套蜂箱配备巢框14个。

第三章　蜜源植物与养蜂工具

浅继箱巢框内高 105mm、内宽 334mm。框梁长 386mm、宽 20mm、厚 20mm；侧条高 125mm、宽 20mm、厚 10mm；下梁长 325mm、宽 12mm、厚 10mm。另外，根据巢蜜生产需要，巢框内高随巢蜜盒（格）大小有所变动。

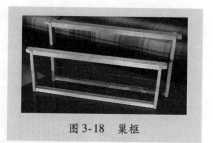

图 3-18　巢框

4）巢门板：为巢门堵板（档），具有可开关和调节巢穴口大小的小木块。巢门板开的小巢门高度为 7mm。

5）隔板：为厚 10mm、比巢框外围尺寸稍大的 1 块木板。每个箱体各 1 块。

6）箱底：箱底厚 15mm、长 439mm、宽 355mm。箱底板上面左、右和后边沿装钉高 16mm、宽 40mm 的 L 形木条，承接箱体。箱底左右各钉与箱底等长、宽和高为 25mm 的木条各 1 根，支撑箱底。

7）箱盖：内围尺寸比箱体大 10mm，板厚 15mm，内部前后边沿衬垫 25～30mm 见方的木条，左右开通风窗口。

8）副盖：由 4 根木条组成框架（木条宽 30mm、厚 20mm）和中间横梁组成，外围尺寸与箱身相同，钉铁纱。

此外，广东省使用的中蜂箱，结构简单，1 个箱体，容纳 6～7 脾蜂（图 3-19 和图 3-20）。

图3-19　广东省单箱体中蜂箱1

图3-20　广东省单箱体中蜂箱2

2. 巢础

巢础是指采用纯蜂蜡制造的具有中蜂巢房房基的蜡片（图3-21）。使用时镶嵌在巢框中，工蜂以其为基础分泌蜡液将房壁加高而形成完整的巢脾，再由巢脾形成蜂巢，与蜂箱一起组合成完整的巢穴。

图 3-21　巢础

3. 取蜜工具

（1）分蜜机　两框固定弦式分蜜机（图3-22）每次放2张脾，旋转蜜脾，利用离心力把蜜脾中一面的蜂蜜甩出来，换面后再甩出另一面的蜂蜜。

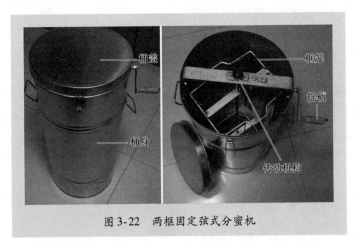

图 3-22　两框固定弦式分蜜机

（2）割蜜刀　割蜜刀采用不锈钢制造。普通割蜜刀，刀身长约250mm、宽35～50mm、厚1～2mm，用于切除蜜脾蜡盖，或将蜜脾从蜂巢中割除。电热式割蜜刀刀身长约250mm、宽约50mm，双刃，重壁结构，内置120～400W的电热丝，用于加热刀身至70～80℃（图3-23）。

（3）蜂刷　通常采用白色的马尾毛和马鬃毛制作蜂刷（图3-24），刷落蜜脾和育王框上的中蜂。

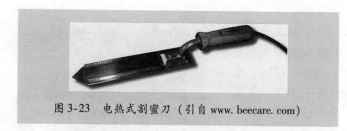

图 3-23　电热式割蜜刀（引自 www. beecare. com）

图 3-24　蜂刷

（4）滤蜜器　滤蜜器为连续净化蜂蜜的装置，由 1 个外桶、4 个网眼大小不一，孔径为 0.18～0.90mm（20～80 目）的圆柱形过滤网等构成（图 3-25）。

4. 榨蜡工具

油压榨蜡器（图 3-26）以手柄下压榨出蜡液。由一定间隔并竖起排列的钢筋组成格栅形榨蜡桶身、施压手柄、上挤板、下挤板、桶身外套和支架等部件构成。桶身外套采用厚度为 0.8～1mm 的不锈钢板制成，呈圆柱形，直径稍大于桶身；桶身下部有 1 个出蜡口。施压手柄采用直径约 30mm 的优质圆钢轧制而成，榨蜡时用于下压带动上挤板对蜂蜡原料施加压力。上、下挤板采用不锈钢或木材制成，其上有孔或槽，供导出提炼出的蜡液。榨蜡时，下挤板置于桶内底部，上挤板置于蜂蜡原料上方。支架采用金属或坚固的木材或钢铁制成，用于装置油压机械和榨蜡桶。

5. 巢蜜生产工具

有巢蜜盒和巢蜜格两种（图 3-27），巢蜜盒底部有中蜂巢房房基，直接组装在巢框中供中蜂筑造巢脾；巢蜜格须先上巢础，再镶嵌在巢框（或支架）中。组装好的巢蜜框与小隔板共同组合在巢蜜继箱中，供中蜂贮存蜂蜜。

图 3-25　滤蜜器　　　　　图 3-26　油压榨蜡器

（引自 www. legaitaly. com）

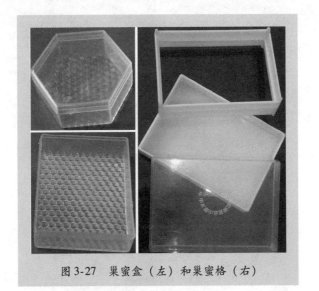

图 3-27　巢蜜盒（左）和巢蜜格（右）

二　辅助工具

1. 管理工具

（1）起刮刀　起刮刀采用优质钢锻造，用于开箱时撬动副盖、继箱、巢框、隔王板，刮铲蜡瘤赘脾及箱底污物，起钉子等（图 3-28）。

（2）巢脾抓 巢脾抓用
不锈钢制造，用于抓起巢脾
（图3-29）。

2. 防护工具

（1）防蜂帽 蜂帽用于
保护头部和颈部，有圆形和
方形两类，其前面视野部分
采用黑色尼龙纱网制作而成
（图3-30）。

图 3-28　起刮刀
（引自 www.draperbee.com）

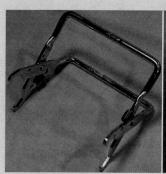

图 3-29　巢脾抓（引自 www.cannonbee.com；www.legaitaly.com）

图 3-30　防蜂帽（引自 www.legaitaly.com）

（2）防护服　防护服采用白布缝制，有养蜂工作衫和养蜂套服两种（图 3-31）。养蜂工作衫和养蜂套服的裤管口和袖口都采用松紧带，以防中蜂进入，且常把防蜂帽与工作衫连在一起，蜂帽不用时垂挂于身后。养蜂套服通常制成衣裤连成一体的形式，前面装纵向长拉链，以便着装。

图 3-31　防护服（引自 www. draperbee. com）

3. 巢础埋线工具

（1）埋线板　埋线板是由 1 块长度和宽度分别略小于巢框的内围宽度和高度、厚度为 15 ~ 20mm 的木质平板，配上两条垫木构成（图 3-32）。埋线时置于框内巢础下面作为

图 3-32　埋线板

垫板，并在其上垫一块湿布（或纸），防止蜂蜡与埋线板粘连。

（2）埋线器（图 3-33）　埋线器是将框线（铁丝）与蜡质巢础粘连在一起的工具。

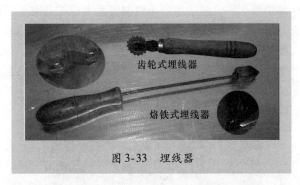

图 3-33　埋线器

1）烙铁式埋线器：由尖端带凹槽的四棱柱形铜块配上手柄构成。使用时，把铜块端置于火上加热，然后手持埋线器，将凹槽扣在框线上，轻压并顺框线滑过，使框线下面的础蜡熔化，并与框线粘在一起。

2）齿轮式埋线器：由齿轮配上手柄构成。齿轮采用金属制成，齿尖有凹槽。使用时，凹槽卡在框线上，用力下压并沿框线向前滚动，即可把框线压入巢础。

3）电热式埋线器：电流通过框线时产生热量，将蜂蜡熔化，断开电源，框线与巢础粘在一起（图 3-34）。输入电压 220V（50Hz），埋线电压 9V，功率 100W，埋线速度为每框 7 ～ 8s。

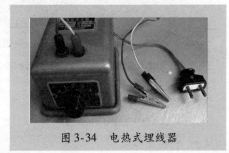

图 3-34　电热式埋线器

4. 收蜂工具

收蜂工具为收捕分蜂团的工具。

（1）收蜂器　采用金属框架和铁纱制成，形似倒菱形漏斗，上有活盖，下有插板，两侧有耳，收捕高处的分蜂团时绑在竿上。使用时打开上盖，从下方套住蜂团并移动，使蜂团落入网内，随即加盖。抽去下部的插板，即可把蜂抖入箱内。

（2）尼龙收蜂网　尼龙收蜂网由网圈、网袋、网柄3部分组成（图3-35a）。网柄由直径为2.6～3cm和长为40cm、40cm、45cm的3节铝合金套管组成，端部有螺纹，用时拉开、拧紧，长可达110cm，不用时互相套入，长只有45cm，似雨伞柄。网圈用4根直径0.3cm、长27.5cm的弧形镀锌铁丝组成，首尾由铆钉轴相连，可自由转动，最后两端分别焊接与网柄端部相吻合的螺钉和能穿过螺钉的孔圈，使用时螺钉固定在网柄端部的螺纹上。网袋用白色尼龙纱制作，袋长70cm，袋底略圆，直径为5～6cm，袋口用白布镶在网圈上。使用时用网从下向上套住蜂团，轻轻一拉，蜂球便落入网中，顺手把网柄旋转180°，封住网口，提回，收回的蜜蜂要及时放入蜂箱。布袋式收蜂器（图3-35b）与尼龙收蜂网类似。

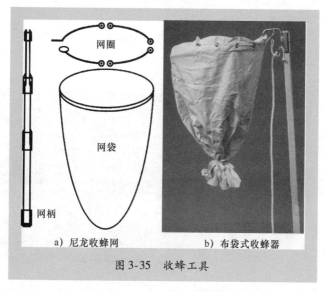

a) 尼龙收蜂网　　　　b) 布袋式收蜂器

图3-35　收蜂工具

另外，还使用笊篱（图3-36）搜捕分蜂团、收蜂斗（图3-37）收拢蜂群。

5. 限王工具

限王工具为限制蜂王活动范围的工具，有隔王板和王笼等。

（1）隔王板　隔王板有平面和立面两种，均由隔王栅片镶嵌在框架上构成。它使蜂巢隔离为繁殖区和生产区，即育虫区与贮蜜区、育王和产浆区，以便提高产量和质量。

图 3-36　收捕工具——筏篓

图 3-37　收蜂斗

1）平面隔王板：使用时水平置于上、下两箱体之间，把蜂王限制在育虫箱内繁殖（图 3-38）。

2）立面隔王板：使用时竖直插于巢箱内，将蜂王限制在巢箱选定的巢脾上产卵繁殖（图 3-39）。

（2）王笼　秋末、春初断子治螨和换王时，常用来禁闭老王或包裹报纸介绍蜂王（图 3-40）。

（3）蜂王节育套　蜂王节育套由软塑料小管制作而成，直径约为 4.5mm，一侧裁开，一端略微收缩

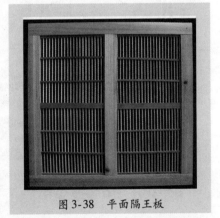
图 3-38　平面隔王板

（图 3-41）。使用时套在蜂王腹部，缩小的一端卡在腹柄处。

6. 饲喂工具

流体饲料饲养器用来盛装糖浆、蜂蜜和水供中蜂取食。巢门喂蜂器如图 3-42 所示，将液体食物灌装到容器中，然后将中蜂攀附的取食部位从巢门伸入蜂箱即可。

图 3-39　立面隔王板

图 3-40　王笼

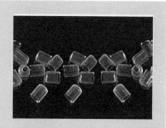

图 3-41　蜂王节育套

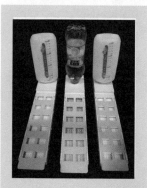

图 3-42　巢门喂蜂器

—— 第四章 ——
活框饲养管理技术

活框饲养中蜂，指中蜂生活在蜂箱中，巢脾结在巢框里，可以随意调出，方便管理和生产。所用蜂箱有中蜂十框郎氏标准箱、意蜂十框郎氏标准箱，以及各地自行设计的活框蜂箱等。

第一节　建立蜂场

一　遴选场址

中蜂多数定地饲养，场地以山区为宜，要求在场地周围半径为1.5km的范围内，全年有1~2个比较稳产的主要蜜源（如荆条、盐肤木、酸枣等）和连续不断的辅助蜜源，无有害蜜源；水源充足，水质洁净。方圆200m内的温度、湿度和光照要适宜，避免选在风口、水口和低洼处，要求背风向阳、冬暖夏凉、巢门前面开阔、背面有挡风屏障。还要考虑诸如虫、兽、水、火等对人、蜂可能造成的危险，两蜂场之间相距2km左右，要求距离意蜂场2.5km以上。另外，还要避开化工厂、粉尘（主要是石料、水泥）厂、养猪场、养鸡场。

中蜂少数小转地放养，场地设在蜜源中心或边缘皆可，要求蜂路开阔，蜂场地形标志明显。勿在浓密的林下或低洼处建场。

⚠ 【注意】蜜源越丰富，中蜂越好养，效益也越好。

二　获得蜂群

获得中蜂的方法有两种，一是向养蜂场购买，二是猎捕中蜂。购买蜂群，随时都可进行，以春季为宜；猎捕中蜂，多在分蜂季节和野生中蜂较集中的山野。

1. 猎捕

狩猎蜂群有诱获分蜂群、收捕分蜂群和猎获野蜂群3种方式。

（1）诱获分蜂群　方法是在分蜂季节，将使用过的蜂箱置于山岗的南半坡，位置突出，中午前后有阳光照射（事前做好预防烈日曝晒措施），背风，箱内预先设置2个有1/3纯蜡巢础的巢框，并固定，巢门长60mm、高15mm。蜂箱内部还可以涂抹蜜蜡，外边堆撒少量煮过的旧脾碎片，引诱飞出的蜂群投奔（图4-1），此后，在每天午后观察。分蜂群投奔诱饵蜂箱后，待傍晚将其搬迁到预定饲养场所，并在原址再设置诱饵蜂箱。

图4-1　山坡上诱捕中蜂的蜂箱

2008年10月，在河南省陕县店子乡宽坪村，一位蜂农告诉我们，他们夫妻二人于4～5月将木箱置于人工饲养中蜂和野生中蜂多的山崖，每两天检查1次，当年收到中蜂60多群，好的年景能收中蜂100余群。

颜志立老师介绍，湖北神农架保护区，养蜂人将蜂桶置于距离蜂场1000m处的诱捕场地，蜂场和诱捕场之间道路（山谷）开阔、通畅，每年将分蜂群在此收集（详见第六章）。

（2）收捕分蜂群　在分蜂季节，中蜂分蜂后，首先在附近屋檐下或树枝上集结，待寻找到合适的新址后，再一同前往。从分蜂集结到散开离去，间隔2～3h，此间，可采取下述方法搜捕。

1）笤篱召集：收捕分蜂群的方法很简单，用一个荆编的笤篱，中央绑几条布，布条接触分蜂团的上部，中蜂会自动聚集在笤篱下方，然后提到预先准备好的蜂箱（备好1张带蜜的子脾，1张巢础框）上方，抖动笤篱将中蜂震落箱中，盖上箱盖即可；或将笤篱边缘搭放在框梁和箱壁上，盖上覆布，待中蜂上脾后，取出笤篱，盖上副盖和箱盖即可。

2）网罗中蜂：中蜂团结在高大的树梢上，将收蜂网袋绑在竿上，打开上盖，从下方套住分蜂团并移动，使蜂团落入网内，随即加盖（或拉拢绳索封口）。将网中的中蜂移到事先准备好的蜂箱上方，抽去下部的插板，即可把蜂抖入箱内；或将网袋倒置，打开网口，抖动网底将蜂抖落箱中。

3）收蜂台招蜂：在蜂场边缘位置明显的地方，分散打上 1～1.5m 的木桩数个，木桩上方水平固定浸渍蜂蜡的方形木板 1 块，木板边长 25cm 左右，即制成收蜂平台。自然分蜂的蜂群在此聚集后，再引诱蜂群进入事先准备好的蜂箱中。

4）收蜂斗聚蜂：将收蜂斗挂在蜂场四周来往较宽阔的树枝上（图 4-2），分出的中蜂将会在此聚集。

图 4-3 所示的结在低处小树枝上的分蜂团，可先把蜂箱置于蜂团下，然后压低树枝使蜂团接近蜂箱，最后抖蜂入箱。

图 4-2　收蜂斗诱捕分蜂群

此外，对于聚集在树干上的分蜂团，可用铜版纸卷成 V 形纸筒，将蜂舀入事先准备好的蜂箱中。对于附着在小树枝上的分蜂团，可一手握住蜂团上部的树枝，另一手持枝剪在握树枝手的上方将树枝剪断，提回中蜂，抖入蜂箱。

①②③④

图 4-3　收捕低处的分蜂团（黄智勇摄）

（3）**猎获野蜂群** 发现野生中蜂群后，首先准备好蜂箱、巢框、刀子（割蜜刀）和木板、透明塑料管、香或艾草绳索等，然后驱赶中蜂过箱。

观察巢穴入口，选择其中1个入口作为操作点，在巢穴上方再留下（或制造）1个出口，并插上透明管子，与准备好的蜂箱（提前固定1个具1/3巢础的巢框或巢脾，也可用布袋式收蜂器替代蜂箱）相连，堵塞其余进、出口。

点燃香或艾草，从入口插入巢穴，散发烟雾片刻，暂停数分钟，再用烟雾熏蒸，逼迫中蜂经由透明管子进入蜂箱，如果发现蜂王通过，就表明捕获成功。

一般情况下，蜂王和3000~5000只中蜂钻进蜂箱，就应停止捕猎工作，封闭上出口，保留下入口，以便剩余中蜂利用原有王台或改造王台，培育新王，延续生命。否则，将中蜂全部收入，割开入口，留下少量蜡、粉巢房，割除子脾、蜜脾，再将巢穴恢复原样，留待野生蜂群再次投奔、再次猎获。而割除的子脾、蜜脾，通过裁剪、捆绑，还给蜂群。

2. 购买

初始养蜂，蜂种以购买为主，先养2~3群，待掌握技术后再扩大规模，1个放蜂点养30群蜂为宜，蜜源条件好的情况下可放置100余群，放蜂点相距2km左右。

（1）**购买时间** 购买中蜂宜于早春或分蜂季节，河南省多在4月下旬和5月，群势有5000只（1.5框）以上中蜂。

（2）**挑选蜂群** 在晴暖天气到蜂场观察，初选蜂群，箱前蜂多而飞行有力有序、蜂声明显和有大量花粉带回，无异味及死亡蜂蛹等病态；然后开箱检查，要求工蜂护脾，不慌乱、跑动、离脾聚集，蜂王颜色新鲜，体大胸宽，腹部秀长丰满（图4-4），

图4-4 蜂王

产卵灵敏，动作迅速；要求工蜂个大、健康、体色一致，新蜂多，不扑人、不乱爬。要求子脾面积大，幼虫白色晶亮饱满，封盖子整齐成片，无花子（卵房、幼虫房和化蛹房混杂）和白头蛹（封口被啃），以及无幼虫病，要求有一定量的蜜粉饲料。

蜂群选好后，应立即包装运输，到达目的地后进行全面管理。

三 摆放蜂群

摆放蜂箱前，先把场地清理干净，蜂群可摆放在房前屋后，也可散放在山坡。蜂箱前低后高，左右平衡，巢门朝向南方和东南皆可。

（1）置于庭院 置于房前屋后的蜂群，应将蜂箱支离地面25cm以上，经常打扫蜂场，防止蚁兽等对中蜂的侵害及保持蜂群卫生。有些蜂农将蜂箱（桶）悬挂在房屋墙壁上。

（2）散放山坡 依据地形地势将蜂群放置在山坡（图4-5），或分置于山脊两侧，每个点可放蜂30~120群（在蜜源丰富、连贯的条件下可多放），在着重考虑蜜源利用和温度、湿度对蜂群影响的同时，要求通行方便安全，还应预防自然灾害。

图4-5 济源山区依地形和地势放置蜂群

（3）集中排列 集中排列蜂群时，以3~4群为1组，背对背方向各异，以利于中蜂识别巢门方位、便于管理和不引起盗蜂为原则，充分利用地形、地物，使各群巢门尽可能朝不同方向或处于不同高度。

（4）平地放置 分散放置，两箱之间相距1m以上（图4-6）。

图4-6 平地散放（红河养蜂综合试验站中蜂试验蜂场）

第二节 中蜂过箱

将无框饲养的蜂群转移到有框蜂箱内，或将蜂群转移到指定的活框蜂箱中的过程（操作），都叫蜂群过箱。下面介绍饲养或暴露蜂巢的过箱操作过程。

一 准备

（1）**工具** 工具包括蜂箱、巢框、刀子（割蜜刀）和垫板、塑料容器、面盆、绳索、塑料瓶、桌子、防护衣帽、香或艾草绳索，以及梯子等。

（2）**时间的选择** 中蜂过箱，应在蜜粉源条件较好、蜂群能正常泌蜡造脾、气温在16℃以上的晴暖天气、白天进行。

（3）**蜂群** 过箱蜂群一般应在3~4框足蜂以上，蜂群内要有子脾，特别是幼虫脾。3框以下的弱群，保温不好，生存力差，应待群势壮大后再过箱。

无框饲养的蜂群，先将蜂桶或板箱搬离原位，放到合适位置，并将新箱放置原位（图4-7和图4-8）。

图4-7 将过箱蜂移到合适位置

图4-8　新箱搬到原位，放入绑好的巢脾，并将中蜂移入

二　操作

（1）驱赶中蜂　用木棍或锤子敲击蜂桶，中蜂受到震动，就会离脾，跑到桶的另一端空处结团；或用烟熏蜂将其直接驱赶到收蜂笼中。

对于裸露蜂巢，使用羽毛或青草轻轻拨弄中蜂，露出边缘巢脾。

驱赶中蜂，认真查看，发现蜂王，务必装入笼中加以保护，并置于新箱中招引蜂群。

（2）割脾　右手握刀沿巢脾基部切割，左手托住，取下巢脾置于木板上进行裁切（图4-9）。

（3）裁切　先用1个没有础线的巢框做模具，放在巢脾上，按照去老脾留新脾、去空脾留子脾、去雄蜂脾留粉蜜脾的原则进行切割，把巢脾切成稍小于巢框内径、基部平直且能贴紧巢框上梁的形体（图4-10和图4-11）。

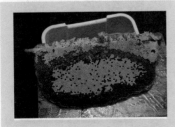

图4-9　取出巢脾，将中蜂赶（抖）
进新箱后再平放在垫板上

图4-10　套上无线巢框裁脾

⚠️ **【注意】** 将多数蜂蜜切下另外贮存，留下少量够中蜂3~5天食用，以便减轻重量将巢脾固定在框架上。

（4）镶装巢脾 将穿好铁丝的巢框套装已切割好的巢脾（较小的子脾可以2块拼接成1框），巢脾上端紧贴上梁，顺着框线，用小刀划痕，深度以接近房底为准，再用小刀把铁丝压入房底（图4-12~图4-15）。

图4-11 裁好的巢脾

图4-12 套上有线巢框

图4-13 沿框线划痕至房底

图4-14 将框线压入痕沟至房底

（5）捆绑巢脾 在巢脾两面近边条1/3的部位用竹片将巢脾夹住，捆扎竹片，使巢脾竖起；再将镶好的巢脾用弧形塑料片从下面托住，用棉纱线穿过塑料片把它吊绑在框梁上。其余巢脾，依次切割捆绑（图4-16）。

弧形塑料片可用废弃饮料瓶来制作。

⚠️ **【注意】** 如果大量无框蜂群过箱，可按上述方法绑定巢脾，然后旋转蜂箱按序摆好，再将中蜂驱赶进箱，留下原巢巢脾，再割下捆绑，循环作业。

第四章 活框饲养管理技术

⚠️ **【注意】** 将多数蜂蜜切下另外贮存，留下少量够中蜂3~5天食用，以便减轻重量将巢脾固定在框架上。

（4）镶装巢脾 将穿好铁丝的巢框套装已切割好的巢脾（较小的子脾可以2块拼接成1框），巢脾上端紧贴上梁，顺着框线，用小刀划痕，深度以接近房底为准，再用小刀把铁丝压入房底（图4-12~图4-15）。

图4-11 裁好的巢脾

图4-12 套上有线巢框

图4-13 沿框线划痕至房底

图4-14 将框线压入痕沟至房底

（5）捆绑巢脾 在巢脾两面近边条1/3的部位用竹片将巢脾夹住，捆扎竹片，使巢脾竖起；再将镶好的巢脾用弧形塑料片从下面托住，用棉纱线穿过塑料片把它吊绑在框梁上。其余巢脾，依次切割捆绑（图4-16）。

弧形塑料片可用废弃饮料瓶来制作。

⚠️ **【注意】** 如果大量无框蜂群过箱，可按上述方法绑定巢脾，然后旋转蜂箱按序摆好，再将中蜂驱赶进箱，留下原巢巢脾，再割下捆绑，循环作业。

图 4-15 扶正巢脾

图 4-16 绑脾

（6）**恢复蜂巢** 将捆绑好的巢脾立刻放进蜂箱内，子脾大的放中间，拼接的和较小的子脾依次放两侧，蜜粉脾放在最外边，巢脾间保持 6~8mm 的蜂路，各巢脾再用钉子或黄胶泥固定。

（7）**驱蜂进箱** 用铜版纸卷成 V 字形的纸筒，将聚集在一旁的中蜂舀进蜂箱，倒在框梁上。然后，将蜂箱支高置于原蜂群位置，巢门口对外，离开 1~2h，让箱外的中蜂归巢（图 4-17）。

⚠ 【注意】 要把蜂王收入蜂箱。

三 临时管理

过箱次日观察工蜂活动，如果积极采集和清除蜡屑，并携带花粉团回巢，就表示蜂群已恢复正常。反之应开箱调查原因进行纠正。3~4 天后，除去捆绑的绳索，整顿蜂巢，傍晚饲喂，促进蜂群造脾和繁殖。1 周后巢脾加固结实，即可运输至目的地（图 4-18），1 个月后蜂群得到发展（图 4-19 和图 4-20）。

对饲养在蜂桶（窑）中的中蜂，如果采用活框蜂箱饲养，可参照此方法进行过箱，但在事前须利用敲击的方法，将中蜂驱赶到收蜂笼中，绑定巢脾后，将中蜂震落箱中。

四 注意事项

1）中蜂过箱，一般选择外界蜜源丰富、中蜂繁殖时期，具有一定的群势大小和子脾数量。猎获野蜂群的时间还宜在自然分蜂季节

图4-17　恢复蜂巢　　　　图4-18　1周后转移蜂群至目的地

图4-19　1个月后检查蜂群　　图4-20　1个月后子脾发展情况

进行，以便留下部分蜂巢、中蜂和王台，作为再次猎获或野生中蜂延续种族的种子。

2）2～3人协作，动作准确轻快，割脾裁剪规范，捆绑牢固平整，尽量减少操作时间。

3）中蜂移居蜂箱，尽量保留子脾，中蜂包围巢脾；食物还须充足，缺少蜂蜜，当天喂糖浆100g左右，以在午夜之前搬完为宜。

4）忌阳光曝晒，忌震动中蜂。勤观察，少开箱，及时处理蜂群逃跑问题。

第三节　检查蜂群

━ 箱外观察

检查中蜂，多以箱外观察为主，根据中蜂的生物学特性和养蜂的实践经验，在蜂场和巢门前观察中蜂行为和现象，从而分析和判断蜂群的情况。

繁殖季节，如天气晴朗，工蜂进出巢穴频繁，说明群强，外界蜜源充足。工蜂携带花粉，说明蜂王产卵多、繁殖好。工蜂在巢门附近摇动双翅、来回爬行、不安，以及工蜂体色暗淡，都是蜂群无王的表现。工蜂伺机瞅缝隙钻空子进巢，则为蜜源中断的现象。巢穴中散发出腥味或酸臭味，则蜂群患了幼虫腐烂病。

如工蜂体色浅黄略透明且行动迟缓，则可能被天敌寄生。蜂场发现有胡蜂飞行或金龟子等，说明蜂群刚受到胡蜂为害和金龟子的干扰。

冬季，巢门前有中蜂翅膀，箱内必有鼠。抬举蜂箱，以其轻重判断食物盈缺。拍打蜂箱，正常蜂群中蜂会发出整齐的嗡鸣声。

二 开箱检查

1. 检查注意事项

开箱检查要有计划，主要在分蜂季节、育种换王时期、越冬前后进行。

开箱检查蜂群次数尽量少，时间尽量短，天气尽量好，蜜源要丰富。操作时需要穿戴防护衣帽，备齐起刮刀、喷水壶等工具。操作要求轻、稳、快、准，提脾放脾须直上直下，防止碰撞挤压中蜂，还须注意覆盖暴露的蜂巢，预防盗蜂。

检查结束，对蜂群的群势大小、中蜂稀稠、饲料多少、蜂王优劣、王台有无、蜂子发育、中蜂健康状况等做出判断，记录存档，制订管理措施。

2. 检查操作方法

（1）开箱操作程序 开箱操作程序如图4-21所示。

（2）开箱操作 人站在蜂箱的侧面，尽可能背对光线或在上风向，先拿下箱盖，依靠在蜂箱后壁，揭开覆布，用起刮刀的直刃插入副盖和箱沿之间，撬动并取下副盖，反搭在巢门踏板前，然后，推开隔板或把隔板取出，用双手拇指和食指紧捏巢脾两侧的框耳，将巢脾竖直向上提出，置于蜂箱的正上方。先看正对着的一面，再看另一面（图4-22和图4-23）。翻转巢脾时，先将上梁竖起，旋转

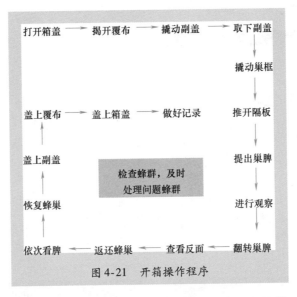

图 4-21　开箱操作程序

180°，然后双手放平，查看另一面。或者将巢脾下缘前伸，头前倾看另一面。

图 4-22　检查蜂群，先看
正对的一面

图 4-23　检查蜂群，查看反面
（引自 www. beecare. com index）

　　检查过程中，需要处理的问题应随手解决，无特别情况，检查结束时将巢脾恢复原状，巢脾与巢脾之间相距 8mm。最后，推上隔板，盖上副盖、覆布和箱盖，做好记录。

　　一般检查巢箱，如有问题再检查继箱。检查继箱群时，先看巢箱，再看继箱。看过巢箱，先把继箱叠加上去再检查。

三 养蜂记录

养蜂记录主要有检查记录、生产记录、天气和蜜源记录、蜂病和防治记录、蜂王基本情况和表现记录、蜂群活动情况和管理措施等，系统地做好记录，是总结经验教训提高养蜂技术和制订工作计划的重要依据，也是蜂产品质量溯源性体系建设的组成部分。

工蜂数量是蜂群的主要质量标志，常用强、中、弱表达（表4-1）。不同地方由于气候、蜜源影响形成的地理种，其强、中、弱标准有差异。开箱检查，根据巢脾数量、蜜蜂稀稠估计蜜蜂数量。在繁殖季节，蜂群的子脾数量是群势发展的潜力，蜂群增长快慢，与蜂群在这一时期的营养、群势和劳动强度等相关，强群、食物充足的增长快。

表4-1 中蜂群势强弱对照（供参考） （单位：脾）

时 期	强 群		中 等 群		弱 群	
	蜂数	子脾数	蜂数	子脾数	蜂数	子脾数
早春繁殖期	>3	>2	>2	>1	<1	<1
夏季强盛期	>10	>6	>5	>3	<5	<3
冬前断子期	>4	—	>3		<3	

四 预防蜂蜇

开箱是对蜂群的侵犯，自然会招惹工蜂反抗和蜇刺。当蜂群受到外界干扰后，工蜂将螫针刺入敌体，螫针连同毒囊一起与蜂体断裂，在螫器官有节奏的运动下，螫针继续深入射毒。

蜂蜇使人疼痛，被蜇部位红肿发痒，面部被蜇还影响美观，有些人对蜂蜇过敏，受群蜂攻击，还会发生严重的中毒现象（图4-24），因此，要注意避免和减少蜂蜇。

1. 预防蜂蜇的办法

（1）设置隔离区域 将蜂场设在山坡或山坳僻静处，即来往人少的地方，周围设置障碍物，如用栅栏、绳索围绕阻隔，防止无关人员或牲畜进入。在蜂场入口处或明显位置竖立警示牌（图4-25），以避免事故发生。

图 4-24　蜂蜇使人中毒　　　　图 4-25　警示牌

（2）**穿戴防护衣帽**　操作人员应戴好防蜂帽，将袖口、裤口扎紧，这在蜂产品生产和蜂群管理时是非常必要的，尤其是运输蜂群时的装卸工作，对工作人员的保护更是不可缺少（图 4-26）。

（3）**注意个人行为**　遵循程序检查蜂群，操作人员应讲究卫生，着白色或浅色衣服，勿带异味，勿对工蜂喘粗气大声说话。操作准确，不挤压工蜂，轻拿轻放，不震动碰撞，尽量缩短开箱时间。忌站在箱前阻挡蜂路和穿戴黑色毛茸茸的衣裤。

图 4-26　做好防护
（引自罗平养蜂人）

若工蜂起飞扑面或绕头盘旋时，应微闭双眼，双手遮住面部或头发，稍停片刻，工蜂会自动飞走，忌用手乱拍乱打、摇头或丢牌狂奔逃跑。若工蜂钻进袖和裤内，将其捏死；若钻入鼻孔和头发内，就及时将其挤死，钻入耳朵中可压死，也可等其自动退出。在处死中蜂的位置，用清水洗掉异味。

实例：2014 年辉县蜂农李长根在原阳县黄河滩放蜂采刺槐，有一天，房东及邻居家 3 个小孩在蜂箱旁边看他检查蜂群期间，其中一个小孩被蜂蜇大哭，于是李师傅抱起小孩就跑往远处，以躲避更多蜂蜇，另外两个小孩中的一个也跟着逃跑，并被追过来的蜂蜇，李师傅的爱人见状也赶来抱起这个小孩迅速离开；第三个小孩吓得不知所措，扶着蜂箱一动不动。结果，逃（抱）走的两个小孩每人又被追上来的蜂蜇，而第三个未跑动的小孩没有被蜂光顾。这个现象说明，在蜂场被少量蜂蜇奔跑是错误的，往往造成群蜂追击。

（4）使用水雾镇压 开箱前准备好小水雾器，如手动喷雾器、小型喷雾器，打开副盖或揭开覆布后向框梁上喷水雾让工蜂安静，也可以用喷烟器（或火香、艾草绳等发烟的东西），喷烟驯服好蜇的中蜂。

（5）趁天看蜂 选择晴暖舒适天气开箱看蜂，及时处理无王蜂群或有病蜂群，减少对中蜂的刺激。

2. 被蜇后处置措施

被中蜂蜇后，首先要冷静，心平气和，放好巢脾，然后用指甲反向刮掉蜇针，或借衣服、箱壁等顺势擦掉蜇针，最后用手遮蔽被蜇部位，再到安全地方用清水冲洗。如果被群蜂围攻，先用双手保护头部，退回屋（棚）中或离开现场，等没有中蜂围绕时再清除蜇针、清洗创伤，视情况进行下一步的治疗工作。

被蜂蜇后疼痛持续约2min，局部迅速出现红肿热痛的急性炎症，尤其是蜇在面部，反应更为严重。多数人无须施救，一般3天后可自愈，受伤部位在红肿期间勿抓破皮肤。

少数过敏者，出现面红耳赤、恶心呕吐、腹泻肚疼，全身产生斑疹、躁痒难忍，发烧寒战，甚至发生休克。一般情况下，过敏出现的时间与被蜇时间越短，表现越严重。

在被群蜂围攻的情况下，还会发生蜂毒中毒现象。蜂毒引起的中毒症状是失去知觉，血压快速下降，浑身冷热异常。

蜂毒中毒和过敏是紧急情况，应及时给予扑尔敏口服或肾上腺素注射，并到医院救治。

平时常备急救药。开封市蜂疗医院蜂蜇（毒）过敏急救箱（图4-27）备有扑尔

图4-27 防治蜂蜇小药箱

敏、地塞米松的片剂和针剂，以及肾上腺素等急救药品、器械，蜂蜇（毒）过敏预防、治疗、抢救办法介绍，可以帮助受伤人员得到及时有效救治，这是防治蜂蜇、避免事故进一步扩大的积极方法。

第四节　日常管理

一　修造巢脾

新脾巢房大（图4-28），不污染蜂蜜，病虫害也少，培育出的工蜂个头大、身体壮。因此，中蜂需要年年更新巢脾。活框饲养，修筑巢脾通过上础和造脾两个工序完成。

1. 上础

上础包括钉框→打孔→穿线→镶础→埋线5个工序，如果采用无框线造脾，可省去打孔、穿线和埋线工作。

图4-28　新脾巢房

（1）钉框　先用小钉子从上梁的上方将上梁和侧条固定，并在侧条上端钉钉加固，最后固定下梁和侧条。钉框须结实、端正。

（2）打孔　取出巢框，用量眼尺卡住边条，从量眼尺孔上等距离垂直地在边条上钻3～4个小孔，再在小孔中镶嵌金属圈，增加孔的承受力。

现在购买的巢框，边条多数已经打好穿线小孔。

（3）穿线　按图4-29所示穿上24号铁丝，先将一头固定在边条上，依次逐道将每根铁丝拉紧，再将另一头固定。

> ⚠ **【注意】**　铁丝松紧程度以手指弹拨发出铮铮声音为准。

（4）镶础　将巢框上梁在下、下梁在上置于桌面，先把巢础的一边插入巢框上梁腹面的槽沟内，巢础左右两边距两侧条2～3mm，上边距下梁5～10mm，然后用熔蜡壶沿槽沟均匀地倾注少许蜂蜡液，使巢础粘在框梁上。

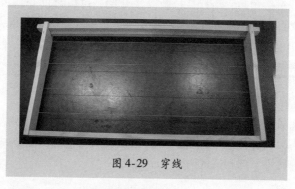

图 4-29　穿线

（5）埋线　将巢础框平放在埋线垫板上，从中间开始，用埋线器卡住铁丝滑动（烙铁式埋线器须事先加热头部），把每根铁丝埋入巢础中央。埋线时用力要均匀适度，既要把铁丝与巢础粘牢，又要避免压断巢础。

电热埋线：在巢础下面垫好埋线板，套上巢框，使框线位于巢础的上面。接通电热埋线器电源（6～12V），将1个输出端与框线的一端相连，然后一手持1根长度略比巢框高度长的小木片轻压上梁和下梁的中部，使框线紧贴础面，另一手持埋线器电源的另一个输出端，与框线的另一端接通。框线通电升温，6～8s（视具体情况而定）后断开，烧热的框线将部分础蜡熔化并被蜡液封闭黏合。

> ⚠️ **【注意】**　安装的巢础要求平整、牢固，没有断裂、起伏、偏斜的现象，巢础框暂时贮存在空箱内备用。另外，也可镶嵌1/3巢础供中蜂造脾。

2. 造脾

造脾蜂群须繁殖正常，保持蜂多于脾和饲料充足。在傍晚将巢础框置于边脾的位置，1次加1张，与相邻巢脾间距6～8mm。

如果外界蜜源泌蜜不好，傍晚对造脾蜂群奖励饲喂。

巢础加进蜂群后，第二天检查，对发生变形、扭曲、坠裂和脱线的巢脾，及时抽出淘汰，或加以矫正后将其放入新王蜂群中修补。

二 调整蜂群

1. 合并弱群、无王群

（1）概念与措施　基于活框蜂箱饲养的中蜂，将无王群与有王群合成一群，或把2个及以上的弱群合成1个独立的生活群体叫合并蜂群。

1个蜂群以其独有的气味与其他蜂群相区分，并拒绝外来者。因此，混淆蜂群气味，并在傍晚进行，是成功合并蜂群的关键。

在合并的前1天，检查将被合并的蜂群，除去所有王台或品质差的蜂王。

（2）报纸合并蜂群法　取1张报纸，用小钉打出多个小孔，把有王群的箱盖、副盖取下，将报纸铺盖在巢箱上，上面叠加继箱，然后将无王群的巢脾带蜂放在继箱内，盖好蜂箱（图4-30）。一般10h左右，中蜂将报纸咬破，气味自然混合，3天后撤去报纸，整理蜂巢。

2. 调整逃亡群

（1）中蜂逃跑的原因　群势弱小、环境突变（如连续阴雨、蜜源断绝、寒流侵袭）、连续震动、季风吹拂、烈日曝晒、敌害入侵、盗蜂干扰、食物匮乏、过箱不当等。

（2）防止逃跑的措施　合并弱群，饲养强群；提早换王，更新巢脾，蜂多于脾，食物充足；蜂箱置于

图4-30　报纸合并蜂群法

冬暖夏凉、水源充足水质优良的地方，避开风口，遮蔽烈日，保持安静，及时防治病虫敌害。

过箱蜂群，将隔王板置于巢箱（活底蜂箱）与箱底之间，阻隔蜂王。此外，过箱时期，外界蜜源要丰富，过箱蜂群食物充足，子多蜂稠，巢脾绑缚规范、牢固，过箱第二天给予适量糖浆。通过箱外观察判断蜂群有无问题，如果工蜂出勤正常，采集花粉，清理死蜂、蜡渣，就表明过箱成功，三天后开箱管理；如果工蜂行为慌张，嗡鸣声嘈杂不息，就表明过箱出现问题，待机开箱处理。

对于多次多群逃跑的蜂场，应当迁移场地。

（3）处置逃跑蜂群 对于逃跑后又返回或搜捕回来的蜂群，按照新分群进行处置，给予巢础框、糖水，重建家园。群势弱小予以合并，对于不利因素加以纠正。如果丢弃的蜂巢子脾还有利用价值，在还给蜂群前，应对巢脾进行修剪，仅留小部分子脾和蜜脾，与巢础框一同还给蜂群，蜂脾数量以工蜂完全包围脾、框为限。

三 处理盗蜂

1. 盗蜂的概念、现象及危害

（1）概念 盗蜂是指蜜蜂进入别的蜂群或贮蜜场所采集蜂蜜的现象。盗蜂是食物竞争的表现，可在中蜂种群之间产生，也可能在中蜂和意蜂之间爆发。

（2）现象 刚开始，盗蜂在被盗蜂群周围盘旋飞翔，瞅缝寻机进箱，降落在巢门的盗蜂不时起飞，躲避守门蜜蜂的攻击和检查，一旦被对方咬住，双方即开始拼命（图4-31），如果攻入巢穴，就抢掠蜂蜜，之后匆忙冲出巢门，在被盗蜂群上空盘旋数圈后飞回原群。盗蜂归巢后将信息传递给其他工蜂，遂率众前往被盗蜂群强行搬蜜。

盗蜂要侵入蜂巢，守门工蜂（图4-32）依靠其嗅觉和气味辨识伙伴和敌人并加以抵挡。凡是被盗蜂群，蜂箱周围蜜蜂麇集，秩序混乱，互相抱团打斗，爬行、乱飞，并伴有尖锐叫声。

图4-31　食物竞争引起
工蜂的战斗

图4-32　守门工蜂张牙舞爪（引自
Honeybee- upload. wikimedia. org）

有些蜂群巢门前虽然不见工蜂搏斗，也不见守卫蜂，但是，蜜蜂突然增多，外界又无花蜜可采，这表明已被盗蜂征服。还有些盗蜂在巢门口会献出一滴蜂蜜给守门工蜂，然后混进蜂巢盗蜜，有的直接闯进箱内抢掠。

（3）危害 盗蜂的危害是两败俱伤、饿死。盗蜂一旦发生，轻者受害蜂群的生活秩序被打乱，蜜蜂变得凶暴；重者受害蜂群的蜂蜜被掠夺一空，工蜂大量伤亡，直至蜂王被围杀或举群弃巢飞逃；若各群互盗，全场则有覆灭的危险。另外，作盗群和被盗群的工蜂都有早衰现象，给后来的繁殖等工作造成影响。相距 2km 以内的中蜂场和意蜂场，中蜂往往被意蜂消灭。

2. 防治盗蜂的方法

（1）食物充足 选择蜜源丰富的场地放蜂，常年饲养强群，留足饲料。

（2）早喂饲料 秋季早喂越冬饲料，喂量以午夜之前"吃"完为宜，没有蜜源季节不能开箱，根据箱外观察判定蜂群状况。

（3）拒养意蜂 中蜂和意蜂不同场饲养，相邻两蜂场应相距2.5km 以上，同一蜂场蜂箱不宜摆放过长。

（4）管好蜂巢 非泌蜜期，紧缩蜂巢，修补蜂箱，填堵缝隙，降低巢门高度至 6~7mm。

（5）藏匿蜜蜡 平时做到蜜不露缸、脾不露箱、蜂不露脾，取蜜作业在室内进行，结束后洗净分蜜机。从无框转向活框饲养时，操作要准确快速，工作完毕须清理现场，喂蜂在傍晚进行。

（6）网道防盗 用纱网做 1 个宽约 7cm（以堵住巢门为准）、高约 2.5cm、长约 7cm 两端开口的筒，与巢门口相连，使中蜂通过纱网通道出入蜂巢。

（7）防盗蜂片 根据中蜂和意蜂工蜂胸厚差异，在巢门安装具有中蜂能通过意蜂不能通过的巢门档（高度约 4mm），阻止意蜂盗蜂进巢。

（8）遮挡巢门 中蜂蜂场分散放置蜂群，如果在山区，蜂群位置适当隐蔽，巢门用瓦片适当遮挡。

（9）石子防盗 将石子堆放在被盗蜂群的巢门前，可干扰其视觉、恫吓盗蜂。

（10）**薄膜防盗** 初见盗蜂，立即降低被盗蜂群的巢门，并用清水冲洗，然后用白色透明塑料布搭住被盗蜂群的前后，直搭到距地面2~3cm高处，对盗蜂进行恫吓、围困，待无盗蜂时，冲洗巢门，撤走塑料薄膜。

（11）**搬迁平盗** 全场蜂群互相偷抢，一片混乱，应立即将蜂场迁到3km以外的地方，分散安置，冲洗前箱壁，饲养1个多月再撤回。

四 工蜂产卵

（1）**产卵原因** 工蜂也是雌蜂，中蜂蜂群在有丰富蜜源的季节失王，常会出现一边改造王台一边工蜂产卵的现象。

工蜂产卵初期1房1卵，有的还在王台中产卵，不久，在同一巢房内会出现数粒卵，东倒西歪（图4-33），这些卵将长成发育不良的雄蜂。由工蜂产生的雄蜂与正常蜂群中粗壮威武的雄蜂相比，显得又小又瘦。产卵工蜂细长，腹部泛白，颜色黑亮，时时逃避正常工蜂的追赶。另外，工蜂产卵蜂群，中蜂惊慌、蜇人。

（2）**处置措施** 发现蜂群无王时，及时诱入成熟王台或产卵蜂王。或者，如果工蜂产卵蜂群剩余中蜂不多，就将中蜂抖落地上，搬走蜂箱，任其进入他群；若余蜂较多，须分散合并，对巢脾进行化蜡处理。

图4-33 工蜂产的卵

五 饲喂蜂群

中蜂的食物是蜂王浆、蜂蜜和花粉，饮水也不可少。

1. 蜂乳的获得

蜂乳俗称蜂王浆，但与蜂王浆有差别。在不同季节工蜂泌乳的能力（多少）不同，早春越过冬天的工蜂少，春季新羽化的工蜂多。饲养健康蜂群，需要坚持有多少工蜂养多少虫的原则，使工蜂分泌的蜂乳与所育幼虫数量相当或有盈余。在早春1只越冬蜂分泌的蜂乳仅能养活 1 条小幼虫（中蜂），标准蜂箱，一般 3 脾蜂养活 1 脾子，按蜂数放脾，控制繁殖速度。

工蜂泌乳所需要的营养和大幼虫的食物，则从花粉和蜂蜜（图 4-34）中来。除蜂、子比例合理外，人们还须提供充足优良的蜂蜜和花粉饲料。

2. 喂糖

喂糖有奖励和补助两种情况，奖励多喂糖浆，补助多喂糖脾，若没有贮备糖脾时也喂糖浆。

图 4-34　中蜂的食物——蜂蜜和蜂粮

（1）奖励喂糖　一般在早春和秋季繁殖时进行。如果饲料充足，每天按时喂 1∶1 的白砂糖水 100g 左右（或在 1h 内吃完为准），以够吃不产生蜜压卵圈为宜。如果缺食，先补足糖饲料，使每个巢脾上有 0.5kg 糖蜜，再进行补偿性奖励饲养，以够当天消耗为准，直到采集的花蜜略有盈余为止。

采取箱内盒、槽（图 4-35）饲喂，一端喂糖浆，一端喂清水；采用巢门给糖，便于观察中蜂取食情况。

⚠️【注意】　禁用劣质、掺假或污染的饲料喂蜂。天冷季节下午喂，天热季节傍晚喂。

图 4-35　喂糖饲水槽

（2）喂越冬糖　即补助饲喂。将贮备的糖脾调入蜂群，撤出多余空脾即可。若贮备的蜜脾不够蜂群越冬消耗，应于霜降之前、在傍晚将糖浆灌装到饲喂器内，置于隔板或边脾外侧喂蜂，每次喂1∶0.7的白砂糖浆 1kg，连续给糖，3 天喂足。喂越冬饲料时，若蜂箱内干净、不漏液体，也可以将蜂箱前部垫高，傍晚把糖浆直接从巢门灌入箱内喂蜂。

3. 喂粉

早春繁殖，在蜜源植物散粉前 20 天开始喂花粉脾，每脾贮存花粉 1/4 脾左右，到主要蜜源植物开花并有足够的新鲜花粉进箱时为止。

（1）喂花粉脾　将贮备的花粉脾喷上少量稀薄糖水，直接加到蜂巢内供中蜂取食。

（2）做花粉脾　首先把花粉团用水浸润，加入适量的糖粉，充分搅拌均匀，形成松散的细粉粒；其次用椭圆形的纸板（或木片）遮挡育虫房（巢脾中下部）后，再将花粉装进空出的巢房内，一边装一边按压，装满填实，然后淋灌蜜汁，渗入粉团。再用与巢脾一样大小的塑料板或木板遮盖做好的一面，翻转脾面，再用同样的方法做另一面，最后加入蜂巢供蜜蜂取食。

（3）喂花粉饼　将花粉闷湿润，加入适量蜜汁或糖浆，充分搅拌均匀，做成饼状或条状，置于蜂巢幼虫脾的框梁上，上盖一层塑料薄膜，吃完再喂，直到外界粉源够中蜂食用为止（图 4-36）。

图 4-36　喂花粉饼（引自 www.beecare.com）

花粉消毒：把 5～6 个继箱叠在一起，每 2 个继箱之间放纱盖，纱盖上铺放 2cm 厚的蜂花粉，边角不放，以利于透气，然后，把整个箱体封闭，在下燃烧硫黄，3～5g/箱，间隔数小时后再熏蒸 1 次。密闭 24h，晾 24h 后即可使用。另外，还可以用过氧乙酸代替硫熏蒸。

给蜂群喂花粉饼，应少量多次，每次以 3 天吃完为宜。另外，以新鲜花粉（如使用冰箱保存或前 1 年秋天生产的）为宜。

4. 喂水

春季在箱内喂水，用脱脂棉连接水槽与巢脾上梁，并以小木棒支撑，让中蜂取食。每次喂水够 3 天饮用，间断 2 天再喂，水质要好。箱内喂水要么一直喂冷水，要么一直喂温开水，不能冷水和热水交替喂。

第五节　繁殖与断子管理

■ 繁殖期管理

中蜂繁殖管理，要遵循选用年轻优质蜂王、每年更新巢脾、尽量少开箱和少打扰蜂群、减少取蜜次数和始终保持蜂群饲料充足的原则，防止雨淋和日光曝晒蜂群，饲养强群。

现代采用活框蜂箱饲养中蜂，便于管理和生产，不仅使蜂蜜产量和质量得到提高，而且进行专业饲养，转地采蜜及为农作物授粉。专业养殖场，要求蜂、人相伴，人不离场，时刻掌握蜂群动向，采取相应措施，为中蜂创造一个优裕的生活和工作环境。

1. 早春繁殖管理

核心内容是繁殖健康中蜂，恢复蜂群群势，增加工蜂数量，培养强群采蜜。

（1）选场放蜂　在房前屋后、山坡上等安静、干燥和向阳的地方，都可以放置中蜂，但蜂场附近须有良好的水源，环境清洁卫生，蜜源连续，无化工厂、粉尘厂、意蜂场。建设看蜂用房，1 个场地放置 30 群中蜂，蜜源好的地方可多放。

在蜜源单一的地方，可采取短途转地放养，提高产量。

第四章　活框饲养管理技术

【提示】 早春繁殖场地应距离民房100m左右，防止中蜂排泄污染居民。

（2）繁殖时间 在河南省豫西山区，一般在雨水（2月19日）前后对蜂群全面管理，促进繁殖，此时外界榆树和杨树已开花散粉。南方采荔枝花蜜的中蜂，应在1月中旬油菜开花时开始繁殖。贵州省中蜂春季繁殖，海拔1000m以下的地区在1月中旬开始，海拔1000m以上的地区在2月上旬开始。

（3）清污促飞 依据繁殖日期，选择中午气温在10℃以上的晴暖无风天气，10：00～14：00打开蜂箱，清除箱底垃圾，同时给蜂群喂1∶1的糖水100g，促使工蜂出巢排泄。

（4）调整蜂巢 与清污促飞相结合，在中蜂排泄飞翔后，及时抽出多余的巢脾，保留2～3张脾，并割除中下部巢房，保留中上部蜜房和粉房，蜂路8～10mm，使蜜蜂聚集成团。

（5）奖励蜂群 包括喂糖和喂粉，天气不好还须喂水，促进蜂王产卵和工蜂哺育幼虫。

1）喂糖：如果饲料充足，就喂1∶1的糖水（温度为35℃左右），将糖水置于有浮木的盒中，在傍晚放入箱中靠近蜂团的地方即可，多少以够吃不产生蜜压卵圈为宜。如果缺食，先补足糖饲料，使每张巢脾上有0.5kg糖蜜，再进行补偿性奖励饲养，以够当天消耗和午夜0：00以前搬移完毕为准。补助喂糖时间宜在调整蜂群后，给缺蜜蜂群调入糖脾。

【注意】 短期寒流时多喂浓糖浆或加糖脾，以防弃虫和子圈缩小，同时注意喂水（方法与喂糖浆相似）；长期寒流不宜喂蜂。

2）喂粉：从繁殖开始，到有足够的新鲜花粉进箱时为止。活框饲养的中蜂，采用花粉脾或将花粉揉搓进巢脾中喂蜂，每脾有花粉100g左右，也可把花粉做成饼喂蜂。喂粉须连续，每次喂粉3天内吃完，然后补充，长期低温要防止缺食。所喂花粉应进行消毒处理，按比例加入病毒灵或聚维酮碘等预防疾病。

(6) 保温处置 蜂群繁殖需要 34～35℃ 的温度，在通过调整后蜂群还无力维持这个温度时，可将干草垫底，填充蜂箱左右和后壁，并用覆布和草帘覆盖蜂巢上部。

(7) 更新蜂王 利用人工台基在蜂群中培育优质蜂王，一般在当地春季最后 1 个主要蜜源结束前 30 天培育蜂王，如河南省在 4 月上中旬养王，4 月底～5 月上旬换王或分蜂；贵州省在 3 月下旬养王。每框蜂可养王 2～3 个，1 个育王群 1 次可养 10～20 只蜂王。

(8) 造脾防病 当新蜂出房、群势发展时，及时加础造脾，扩大蜂巢，选用新脾更换老脾，或将老脾割除，中蜂自行将被割除部分补齐。保持蜂群蜂多于脾，预防春夏繁殖期中蜂囊状幼虫病和欧洲幼虫腐臭病；注意卫生，清除巢虫。

(9) 寒潮低温管理 早春蜂群繁殖，遭遇寒流侵袭，时长时短，造成外界气温寒冷异常。短期低温（7 天以内）喂浓糖浆，少开箱、不扩巢，副盖上加盖草帘。长期低温（10 天左右）不喂糖，对无糖蜂群加蜜脾维持生命，同时折叠覆布，加大通风面积，降低蜂巢温度，减少中蜂活动。

(10) 长期阴雨管理 长期阴雨天气，要使用防水材料遮盖蜂群，保持蜜蜂密集、蜂巢干燥，用蜜脾置换缺乏饲料蜂群的空脾；天气转晴时，防止蜂群分蜂或逃亡。

2. 秋季繁殖管理

在长江以北地区，秋季须繁殖好适龄越冬蜂，喂足越冬饲料。在长江以南地区，秋季既要繁殖桂花、鹅掌柴、野坝子和枇杷等蜜源的采集蜂，还要利用冬季蜜源培育越冬蜂。

(1) 长江以南地区的秋季繁殖管理 可参照早春繁殖进行，繁殖时间以秋季主要蜜源泌蜜开始，根据群势提前至 35～75 天，例如，在贵州省 5 框足蜂（约 15000 只中蜂）以上群势 40 天、4 框足蜂（约 12000 只中蜂）蜂群 50 天、3 框足蜂（约 9000 只中蜂）蜂群 60 天、2 框足蜂（约 6000 只中蜂）蜂群 70 天，使蜂群在主要蜜源泌蜜时达到 7 框足蜂。对于一个蜂场同时起步秋季繁殖，在主要蜜源泌蜜 20 天前，将大群工蜂正在出房子脾与小群幼虫子脾对调，达到共同发展、增加生产蜂群数量的目的。

（2）长江以北地区的秋季繁殖管理

1）贮备饲料密集群势：芝麻、荞麦、野荆芥和野菊花等主要秋季蜜源，以及葎草、茵陈等粉源植物，在花中后期停止蜂蜜生产，抽出粉蜜脾保存或置于继箱，用于第二年春季繁殖。保持蜂多于脾，贮备越冬饲料。

在河南省山区以9月中下旬繁殖越冬蜂为宜，历时20天左右。

2）奖励饲喂：每天傍晚用糖浆喂蜂，糖水比例为1∶1，历时20天左右（越冬子脾全部封盖），并给蜂群喂水。糖浆中可加入青霉素等药物和食醋、山楂预防疾病。与前期贮备的饲料相结合，奖励结束时，越冬饲料也一并喂好，越冬饲料要求1脾蜂1脾封盖蜜。

3）保温防盗：盖好覆布、注意保温，防止盗蜂。使用低巢门，防止秋季胡蜂的为害；采取圆巢门，阻隔意蜂的侵入。

4）关王断子：在9月底～10月初，把蜂王用竹丝王笼关闭，方法是：打开笼门，罩住蜂王，待蜂王进笼后关闭笼门，吊于蜂巢中部。另外，在蜂王胸、腹部装上节育套（图4-37），使其不能进入巢房产卵。关王断子，同时还可淘汰老劣蜂王。

图4-37　蜂王节育

5）放王越冬：11月上旬放出蜂王，蜂群越冬。

3. 中蜂分蜂管理

（1）自然分蜂的概念　在蜂群周年生活中，分蜂繁殖是其自然规律。4月下旬～5月上旬，当中蜂群势发展到4～5框子脾后，常会发生分蜂。由老蜂王带领蜂群中约一半的工蜂，迁往他处居住，原蜂群中的新王经过羽化、交配和产卵，分别开始新的生活。另外，不同地区，中蜂发生分蜂时间并不一致，主要集中在春末夏初，但在春、夏、秋季中，只要有大蜜源，蜂群强壮，都会发生分蜂。

虽然自然分蜂是蜂群繁殖的规律，也是种族繁衍生存的需要，但是，蜂群一旦产生分蜂趋势（热）后，蜂王产卵量就显著下降，甚至停产，工蜂怠工，影响产量和繁殖。因此，养蜂场一般通过有计划地人工分蜂，来扩大经营规模，并采取措施控制自然分蜂。自然分蜂期间，要按时检查蜂群，及时收回分蜂中蜂，另置一箱饲养。

（2）收捕分蜂团的方法　蜂群飞出蜂巢不久便在蜂场附近的树杈或屋檐下结团（图4-38），2～3h后便举群飞走。在蜂群团结后和离开前，最有利于收捕。在抓捕之前，先准备好蜂箱，摆放在合适的地方，内置1张有蜜有粉的子脾，两侧放2张巢础框。

捕捉分蜂团的方法有多种，如图4-38所示的分蜂团，可用收蜂网套装分蜂团，然后拉紧绳索，堵住网口，撤回后抖入事前准备好的蜂箱中。

其他收捕方法见本章第一节。

图4-38　团聚在高树上的分蜂团

（3）人工分蜂的方法　人工分蜂是控制分蜂的积极措施。分蜂之前要培育蜂王，在移虫第8～9天提交配群，蜂王交配产卵7天左右介绍给分蜂群。

1）平分法：先将原群中蜂的蜂箱从原位置向后移出1m，取2个形状和颜色一样的蜂箱，放置在原群巢门的左右，两箱之间留0.3m的空隙，高低和巢门方向与原群相同，然后把原群内的蜂、卵、虫、蛹和蜜粉脾分为相同的2份，分别放入两箱中，一群用原来的蜂王，另一群在24h后诱入产卵蜂王。分蜂后，外勤蜂飞回找不到蜂巢时，会分别投入两箱内。如果工蜂有偏集现象，可将蜂多的一群从原箱位置移远点，或将蜂少的一群向原箱位置靠近一些。

2）偏分法：从强群中抽出带蜂和子的巢脾2张组成小群，如果不带王，则带自然封盖王台或介绍1个成熟王台，成为1个交配群。

如果新分蜂群带老王，则给原群介绍 1 只产卵新王或介绍 1 个成熟王台。分出群与原群组成主、副群饲养，通过子、蜂的调整，进行群势的转换，以达到预防自然分蜂和提高产量的目的。

新分蜂群要保持蜂脾相称或蜂多于脾，饲料充足，防止烈日曝晒。随着群势的发展，要适时加巢础造脾，还要时刻预防盗蜂和防止逃跑。

(4) 解除分蜂热的措施 4~5 月，当蜂群酝酿分蜂（工蜂闹分家）过程中，蜂王产卵量下降，甚至停产，工蜂怠工，这一现象称为分蜂热。蜂群一旦产生分蜂热（趋势）后，对蜜粉源的利用非常不利，尤其是主要蜜源泌蜜期中发生分蜂，分散了群势、影响了产量。

中蜂一旦发生分蜂热，应顺势疏导解决。如果不计划分蜂，根据生产实践，做好预防和控制分蜂热工作，基本措施如下：

1）预防措施。

① 选用良种，更新蜂王。早春及时育王，更换老王。选择能维持强群的蜂群作为种群，在蜂群发展壮大后，适时进行人工育王，在主要蜜源花期到来前换上新王产卵。平常保持蜂场有 3~5 个养王群，及时更换劣质蜂王。在炎热地区，采取 1 年每群蜂换 2 次蜂王的措施，有助于维持强群，提高产量。如河南中蜂换王应赶在 5 月以前，可以有效预防自然分蜂。

② 生产。及时取出成熟蜂蜜，加重工蜂的工作负担，可有效地抑制分蜂。但每次取蜜应给蜂群留下 1 脾封盖蜜。

③ 供水。箱内喂水或场地放置水槽，勿使其干涸。

④ 遮阳。将蜂群置于通风的树荫下，或利用黑网遮蔽直射的阳光（图 4-39），洒水降温。

⑤ 扩巢。向上或向下加继箱，扩大蜂巢，修筑新脾，始终给蜂

图 4-39 遮阳

群留足造脾扩巢空间是抑制自然分蜂的好办法。

> ● 【提示】 天气炎热时要注意遮阳、通风和给水降温等措施。

2）解除方法：蜂群已发生分蜂热，应根据蜂群、蜜源等具体情况进行处理，使其恢复正常工作秩序。

① 更换蜂王。仔细检查已产生分蜂热的蜂群，清除所有王台后把该群搬离原址，在原位置放1个装满空脾的巢箱，从原群中提出带蜂不带王的所有封盖子脾放在继箱中，加到放满空脾的巢箱上，诱入1只新蜂王或成熟王台。再在这个继箱上盖副盖，再加1个继箱，另开巢门，把原群蜂王和余下的工蜂、巢脾放入，在老蜂王产卵一段时间后，撤出老王和副盖合并。

② 剪翅、除台。在自然分蜂季节里，定期对蜂群进行检查，清除分蜂王台，或对已发生分蜂热蜂群的蜂王剪去其右前翅的2/3（图4-40）。剪翅和清除王台只能暂时不使蜂群发生分蜂和不丢失，对生产和繁殖起不到积极作用。

图4-40　蜂王剪翅（引自 www. beeman. se）

二　断子期管理

1. 南方中蜂过夏

在我国南方，6～8月野外蜜源缺乏，持续高温，蜂王停止产卵，同时，胡蜂为害猖獗，蜂群进入度夏期。其工作任务是减少消耗，保存实力。

在长江以北地区，中蜂夏天正值采蜜生产季节，没有越夏期。

(1) 越夏前准备 蜂群度夏前更新蜂王，每群蜂保留1框封盖蜜脾。合并弱群，把各群调整至4～5框蜂，同时清除箱内和巢脾上的巢虫，撤出或割除劣质巢脾，留下中蜂活动空间。

过夏前，结合换王、造脾工作，培育一代未参加采集和进行少量哺育的适龄工蜂。

(2) 越夏期管理 在越夏期较短的地区，可关王断子，把蜂群搬到大树或屋檐下，或搭凉棚遮阳，场地空气流通，水源充足；勤喂水，中午高温时，在蜂箱周围洒水降温，适当加宽巢门。

在越夏期较长的地区，应密集群势，适当繁殖，保持巢内有1～2张子脾，2张蜜脾和1张花粉脾，饲料不足须补充，每晚喂少量糖浆。

具有立体气候的山区，可以把蜂群搬到高山过夏，或把蜂群转移到蜜源丰富（如乌桕、山乌桕、窿缘桉）的地方，避开炎热、无花的夏季。管理以繁殖为主，留足食物，兼顾生产。繁殖区不宜放过多的巢脾，工蜂要稠密。

过夏期间，巢门高度以7mm为宜，宽度按每3000只蜂15mm累计，避免烟熏和震动，减少开箱检查，谨防盗蜂发生。垫高蜂箱，前低后高成15°左右的斜面。捕杀胡蜂，逮住青蛙和蟾蜍，消灭蚂蚁。定期清除箱低杂物，预防滋生巢虫。避免农药中毒和水淹蜂箱。

(3) 越夏后繁殖 8～9月，在野外出现零星蜜粉源、蜂王开始产卵，这一时间的管理可参照繁殖期管理办法，做好巢虫清除工作，合并弱小蜂群、抽脾缩巢、恢复蜂路、喂糖补粉、防止逃跑等工作，为冬蜜生产做准备。

10月可再养一批蜂王。

2. 北方中蜂越冬

中蜂属于半冬眠昆虫，在冬季，中蜂停止巢外活动和巢内产卵育虫工作，结成蜂团，处于半蛰居状态，以适应寒冷漫长的环境。

我国北方蜂群的越冬时间长达5～6个月，越冬工作任务是备足优质的饲料，选好安静的场所，减少活动保安全。

(1) 越冬准备

1）补充越冬饲料。在越冬之前，添加饲料箱或调配蜜脾，不够越冬消耗和来年春天食用的，要求在繁殖越冬蜂时喂足。根据南北越冬时间长短差异，1 脾蜂（3000 只左右）需要糖饲料 1 ~ 2kg。

2）选择越冬场地。中蜂的越冬场所有两种：一是室外，二是室内（越冬房舍、蜂窖或窑洞），前者适合全国大部分地区，后者多被东北地区采用。

室外越冬场地要求向阳、干燥和卫生，在一天之内要有足够的阳光照射蜂箱，场所要僻静，周围无震动、声响（如不停的机器轰鸣）。

室内越冬场所要求空气清洁新鲜，温度、湿度稳定，黑暗、安静。若是房屋，需要隔热性能好。

3）布置越冬蜂巢

① 巢脾。活框蜂巢，越冬用的巢脾要求是黄褐色、贮存有 100g 以上蜂粮的巢脾，在贮备越冬饲料时进行遴选。

② 群势。越冬蜂群势，北方应达到 10000 只以上（中蜂标准巢框 3 框以上足蜂），在繁殖越冬蜂时有计划地完成，如果群势弱应当合并。

③ 蜂脾关系。活框饲养的蜂群，采取抽脾的方法调整，较弱的蜂群，要求蜂略多于脾，强群蜂脾相称。

④ 削脾。蜂巢边缘放置大蜜脾，中央两张巢脾（视群势大小定数量）削去距上梁 2/3 范围内的巢脾，或切除所有空巢房，以利于中蜂冬季团结和流动。

⑤ 空间。根据群势大小和活框蜂箱容积，保持一定空间，提供蜂团伸缩余地。一般群势单箱体越冬，所留巢脾均为蜜脾，脾间蜂路设置为 12 ~ 15mm；强群双箱体越冬，上下箱体放置相等的脾数，蜂脾相对，上箱体放整蜜脾，下箱体放半蜜脾（下部空巢房割除）。

（2）越冬方法及保温处置

1）室外越冬：简便易行，投资较少，但越冬蜂群受外界天气变化的影响较大。

> ● 【提示】 中蜂在黄河流域及其以南地区尽量进行室外越冬，蜂巢上部应用覆布、草帘等盖严盖实，不留缝隙。

长江以北及黄河流域，冬季气温高于 - 20℃ 的地方，可用干草、秸秆把蜂箱的两侧、后面和箱底包围、垫实，副盖上盖草帘，箱内

空间大应缩小巢门，箱内空间小则放大巢门。如果冬季气温在
-10℃以上的地区，蜂群强壮，可不进行保温处置。

2）室内越冬：在东北、西北等严寒地区，把蜂群放在室内越冬
比较安全，可人工调节环境，管理方便，节省饲料。

蜂群在水面结冰、阴处冰不融化时进入室内，在早春外界中午气
温达到8℃以上时即可出室。蜂箱在越冬室距墙20cm摆放，搁在40~
50cm高的支架上，叠放继箱群2层、平箱3层，强群在下，弱群在上，
成行排列，排与排之间留80cm通道，巢口朝向通道便于管理。

越冬室内应控制温度在-2~4℃，相对湿度为75%~85%。入
室初期，白天关闭门窗，夜晚敞开门窗，以便室温趋于稳定，接近
或达到要求。室内过干可洒水增湿，过湿则增加通风排除湿气，或
在地面上撒草木灰吸湿，使室内湿度达到要求。蜂群进入越冬室后
还要保持室内黑暗和安静。

高寒地区，冬季气温低于-20℃，蜂箱上下、前后和左右都要
用草包围覆盖，巢门用∩形桥孔与外界相连，并在御寒物左右和后
面砌成∩形围墙。

3）开沟放蜂：高寒地区，开沟放蜂对蜂群进行保暖处置。在土质
干燥地区，按20群一组挖东西方向的地沟，沟宽约80cm、深约50cm、
长约10m，沟底铺一层塑料布，其上放10cm厚的草，把蜂箱紧靠北墙
放置草上，用木棍横在地沟上，上覆草帘遮蔽。通过掀、放草帘，调
节地沟的温度和湿度，使其保持在0℃左右，并维持沟内的黑暗环境。

（3）越冬管理

1）防止空飞。蜂群室外越冬做好巢门遮阳工作，防止工蜂空飞，
可用秸秆等覆盖蜂桶或蜂箱。蜂群室内越冬或开沟放蜂，始终保持处
于黑暗环境，通过开窗或掀、盖草帘等降低温度，以此防止工蜂骚动。

2）保持安静。蜂群越冬期间，不开箱、不检查、不震动、不搬
走、不刺激蜂群，使蜂群处于相对封闭的环境，保持蜂团不散。

3）防止鸟食。山区室外蜂群越冬，利用假人、飘带恫吓、驱赶
鸟类。

4）问题处置。

① 鼠害。蜂箱前面有有腹无头死蜂，或者洒落工蜂翅膀，既是

老鼠为害特点。预防方法是将巢门高度缩小至 7mm，修补蜂箱漏洞，使鼠不能进入；防治措施是养猫狩猎、人工捕捉、药饵毒杀。

② 火灾。蜂具、保温物和蜂巢都是易燃物，冬季天冷，小孩玩火可引起火灾。预防措施是越冬场所远离人多的地方，人不离蜂。

③ 闷热、散团。温度高所致，蜂飞是表现。处理措施是保持越冬室内温度在0℃左右，室外越冬蜂群的御寒物只包外面，巢门通气畅通。定期用√形钩勾出蜂尸等杂物，清理积雪。

如果是人为开箱造成散团，应逐渐降低蜂巢温度，使中蜂再慢慢结团，勿一次性揭掉覆布降温。

④ 饥饿。无糖饲料，掂量蜂箱很轻。补充蜜脾，先预热 12h，后割蜜盖小部分，再喷少量温水，最后靠蜂团放置，撤出空脾。

⑤ 散团、蜂飞。由震动、蜜源、光线刺激所致，中蜂活动是其表现。处理措施是蜂群远离机械厂、糖厂、公路，避开零星蜜源，巢门遮光，采取降温措施。不开箱、不打扰。

⑥ 拉稀。早春工蜂飞出蜂巢，在附近排泄黄色、稀薄粪便，污染环境。预防措施是越冬前喂好糖饲料，割除无糖巢脾；越冬后期，清理箱底杂物，撤出多余巢脾，适当喂些大黄苏打糖水，促蜂排泄。

⑦ 饿死。蜂群因饲料消耗殆尽而死亡；或者蜂团包围处的饲料耗尽后，因群势过小和寒冷，蜂团滚（移）动不了，无法获得周边（蜂团外）的糖饲料，致使能量中断而丧命。第一种情况，秋季要留（喂）足饲料，或及时发现撤出空脾、补充蜜脾；第二种情况，越冬前要撤出多余巢脾，割除所留巢脾的所有空房，缩小蜂巢，使蜂能够包裹蜂巢，同时，蜂巢上部用覆布盖严盖实，不留通气缝隙。

⑧ 冻死。蜂群因过小不能抵御严寒而死亡。预防措施是越冬前合并弱群。

（4）冬后管理　每年早春，蜂群进入越冬后期，及时检查蜂群，补喂饲料，促蜂排泄，合并小蜂群、无王群，抽出多余巢脾，处理问题蜂群，为早春繁殖做一些准备。

3. 南方蜂群越冬

我国南方中蜂仅在 1 月有短暂的越冬时间，有些甚至没有越冬期。这一时期养蜂员的工作任务是每脾蜂贮备 1kg 优质的糖饲料，在安静、阴凉的场所放置蜂群，做好遮阳降温工作。蜂王关闭停卵。

第六节　生产期蜂群管理

蜂群经过一段时间的繁殖，由弱群变成生机勃勃的强群，外界温度适宜，蜜源丰富，蜂群的管理任务由繁殖转向生产，同时蜂群也具备了群体繁殖——自然分蜂的基本条件。养蜂生产的好坏取决于蜂群、蜜源和天气，蜜源可以选择，蜂群更是人能控制的，养好蜂、用好蜂、维持强群、保持工蜂的工作积极性，是中蜂生产期管理的目标。

一　春、夏季生产期蜂群管理

生产蜂蜜要求新王、强群和健康的中蜂。基于活框饲养的中蜂，管理措施如下：

1. 培育适龄工蜂

在采集活动季节，工蜂的寿命约为 35 天，并按日龄分工协作，14~21 日龄的工蜂多从事花粉、花蜜、无机盐的采集，在 21~28 日龄时采集力达到高峰。所以，在采集某个特定蜜源时，应在该蜜源开花前 45 天到泌蜜结束前 30 天，有计划地密集群势，奖励饲喂，培育适龄采集蜂。

在额定时间内为预定蜜源培育足够数量的适龄采集蜂，蜂群要有一定的群势基础，如果群势弱，繁殖时间还要提前，如早春 1 个拥有 5000 只中蜂的蜂群，繁殖 20000 只采蜜蜂，则需要约 65 天的时间。适龄采集蜂的培育参照春季繁殖进行，如有计划地换王、奖励饲喂等。此外，还要兼顾采蜜结束后的繁殖与生产。

2. 组织强群采蜜

(1) 组织采集群　于植物开花前 1 周，全面检查，对有 20000 只以上中蜂的蜂群，根据蜂箱大小，适时加上继箱（图 4-41），在巢、继箱之间加上隔王板，上面贮蜜，下面繁殖，巢脾上下相对。如果植物泌蜜多、花期长，或者缺少花粉，上面脾多于下面脾，蜂脾相称，注重采蜜；如果泌蜜少或一般，上面脾少于下面脾，蜂脾相称，注重繁殖。如果植物花期较短，大泌蜜前又断子的蜂群，巢、继箱之间可不加隔王板。

横向扩大空间的蜂箱,加立式隔王板,蜂王限制在中间 3 脾蜂上繁殖,两侧巢脾贮存蜂蜜。

(2)培育采集群 距离开花泌蜜 20 天左右,将副(小)群或大群的封盖子脾调到等待加强的生产蜂群;距离开花泌蜜 10 天左右,给生产蜂群补充新蜂正在羽化的子脾。调子应达到增加生产群数、抵制大群分蜂热、被调出封盖子的小群还有繁殖能力的目的。

3. 蜂群管理措施

图 4-41 添加继箱

(1)繁殖与采蜜 植物泌蜜期间,充分利用强群、新王、单王群生产,弱群、老王或双王群繁殖,繁殖群正出房子脾调给生产蜂群维持群势,适当控制生产蜂群卵虫数量,以此解决生产与繁殖的矛盾。同时,采取措施预防分蜂热,保证工蜂处于积极的工作状态。花期结束,生产群封盖子脾调到繁殖群,繁殖群卵子脾调入生产群,平衡群势,共同发展。

蜜源泌蜜好,以生产为主,兼顾繁殖。如遇花期干旱或长期阴雨等造成蜜源泌蜜差,则以繁殖为主,保持蜂数、饲料充足。

(2)场地的选择 小转地蜂场采蜜群宜放在树荫下,但遮阳不宜太过,蜂路要开阔。中午避免巢门被阳光直射,夏天巢门方向可朝北,没有树荫的地方,在蜂群上放置遮阳网。水源水质要好,防水淹和山洪冲击。

对不施农药的蜜源可选在蜜源的中心地带,季风的下风向,如荆条、椴树、芝麻、荔枝等;对缺粉的主要蜜源花期,场地周围应有辅助粉源植物开花,如枣花场地附近有瓜花。

(3)叠加继箱 中蜂生产,采取叠加继箱贮藏蜂蜜的方法,减少取蜜次数,每次取蜜,都需要给蜂群留 1 张封盖蜜脾,植物泌蜜不好或开花后期还需多留。

当第一个浅继箱框梁上有巢白时,即可加第二浅继箱,第二浅继箱加在第一浅继箱和巢箱之间,待第二浅继箱的蜂蜜装至六成、第一浅继箱有一半以上蜜房封盖，可继续加第三浅继箱于第二浅继箱和巢箱之间，第一浅继箱取下摇蜜。

如果使用的是深继箱，即巢箱与继箱中的巢脾通用，且容积足够大，在继箱中的巢脾贮藏蜂蜜超过八成、有50%蜜房封盖，即可进行蜂蜜生产。

活框养中蜂，植物泌蜜前期抽出糖脾作为饲料贮存，泌蜜盛期加继箱贮藏蜂蜜，或及时取出成熟蜂蜜，泌蜜后期取回贮蜜继箱摇蜜，并保留适当蜜脾作为饲料。利用分蜜机将蜂蜜从巢房中甩出来，或生产巢蜜。

生产期间，不向继箱调子脾，开大巢门，加宽蜂路，加快蜂蜜成熟。

（4）留下饲料　中蜂的饲料以留为主，饲喂为辅。如果在蜜源开花即将结束时，蜂群饲料不足，就连续多喂，迅速补充。同时供给蜂群饮水。

（5）后期繁殖　植物开花结束，或因气候等原因泌蜜突然中止，应及时调整群势，抽出空脾、老脾，使蜂略多于脾。缩小巢门，将贮备的蜜脾调进缺蜜蜂群，根据下一个蜜源的具体情况进行繁殖。在干旱地区繁殖蜂群时要缩小繁殖区。

二　南方秋、冬季生产管理

在我国长江以南各省和自治区，冬季温暖并有蜜源植物开花，是生产冬蜜的时期，仅在1月蜂群有短暂的越冬时间。

（1）南方冬季蜜源　在我国南方冬季开花的植物有茶树、枧、野坝子、枇杷、鹅掌柴（鸭脚木）等，这些蜜源有些可生产到较多的商品蜜，有些可促进蜂群的繁殖。

（2）蜂群管理措施　南方冬季蜜源花期，气温较低，尤其在泌蜜后期，昼夜温差大，时有寒流，有时还阴雨连绵，因此，冬蜜期管理应做好以下工作。

1）选择好场地。在向阳干燥的地方摆放蜂群，避开风口。蜂箱前低后高，巢门设在蜂巢无脾的一侧。

2）生产兼繁殖。冬蜜期要淘汰老劣蜂王，合并弱群，适当密集群势，采取强群生产、强群繁殖，生产与繁殖并重。泌蜜前期，选晴天中午取成熟蜜，泌蜜中后期，抽取蜜脾，保证蜂群饲料充足和备足越冬、春季繁殖所需饲料。

视天气情况对蜂群适当保暖。蜂巢上方覆盖草苫（保留通气孔），蜂巢底部用干草衬垫，蜂箱两侧搭上草苫。

取蜜时不宜移动繁殖巢脾，天气好泌蜜多可多取蜜，天气差泌蜜少不取蜜。

3）做越冬准备。对弱群进行保温处置，在恶劣天气里要适当喂糖喂粉，促进繁殖，壮大群势，积极防治病、虫和毒害，为越冬做准备。繁殖结束，撤除保温物品，扩大蜂路，迫使蜂群团结停止育虫活动。

第七节　活框蜂群运输

中蜂适合定地饲养，也可以小转地放牧。放蜂场地要求蜜源植物种类丰富，泌蜜时间长，开花期连续。

一　蜂群准备

（1）保留蜂巢空间　蜂箱内须有 1/3 的空间，如果不够，就采取提出部分巢框或割除部分巢脾来创造空间。

（2）子脾　带脾运输，应避开断子期，但子脾不宜多。蜂群无子，适宜无脾运输。

（3）饲料要求　带子巢脾上缘多数蜜房需要封盖，无子蜜脾取出。

（4）继箱蜂群　抽出隔王板，子脾集中在下箱体，边缘放蜜脾，无子巢脾脱蜂后另行运输。

二　运输准备

（1）固定巢脾　以牢固、卫生、方便为准。

1）用框卡或框卡条固定：在每条框间蜂路的两端各楔入一个框卡，并把巢脾向箱壁一侧推紧，再用寸钉把最外侧的隔板固定在框槽上。

2）使用海棉条固定：用特殊材料制成的具有弹（韧）性的海棉条，置于框耳上方，高出箱口 1~3mm，盖上副盖并用钉子固定，或捆绑蜂箱，以压力使其压紧巢脾不松动。

（2）连接箱体　如果是双箱体，用绳索等把上下箱体及箱盖连成一体。

（3）装车 打开箱体的通风纱窗，在傍晚大部分工蜂进巢后关闭巢门。若巢门外边有许多工蜂，可用喷水的方法驱赶工蜂进巢。蜂箱顺装，箱箱紧靠，巢门向前，即巢脾和运行方向一致。最后用绳索挨箱体横绑竖捆，刹紧蜂箱，然后开车上路。

三　途中管理

运输距离应在100km以内，傍晚装车，夜间行驶，午夜前卸蜂，途中不停车。采用轻型汽车运蜂，尽量走好路，避免急刹车和猛起步。黑暗有利于中蜂保持安静，因此，蜂车应尽量在夜晚行驶，黎明前到达。

四　卸车放蜂

到达新场地后，立即卸车，3～5群为一组，分散摆放而且巢门方向错开；放置好蜂群后打开巢门；第三天蜂群安定后，撤除内外包装，对蜂群进行全面检查和综合管理。

> ⚠️ **【注意】** 如果白天到达放蜂场地，蜂箱摆放好后应等待2h左右再打开巢门，防止蜂群逃跑。

第八节　蜂产品的生产方法

一　生产蜂蜜

饲养中蜂，以生产蜂蜜为主，采用近方形蜂箱、多箱体贮藏蜂蜜，一次取蜜、取成熟蜜（图4-42）。如果不能多加继箱贮藏蜂蜜，则应每年有计划地取蜜2～4次，但每次取蜜都要给蜂群留足饲料。

图4-42　成熟蜜脾

当有油菜、枣花、酸枣、荆条、荔枝、乌桕、八叶五加、柑橘、枇杷、野坝子、柃、山葡萄、五味子、君迁子、苦参和盐肤木等主要蜜源植物开花泌蜜，即可进行蜂蜜生产。

采蜜群有 20000 只以上工蜂，以新王为宜；春、夏季控制分蜂热，秋末采蜜注意蜂群保暖；阴雨天多时及时控制分蜂。蜜源不集中、延续时间长，南方应多次在室内抽取，北方应集中取蜜。

1. 分离蜂蜜

分离蜂蜜是利用分蜜机的离心力，把贮存在巢房里的蜂蜜甩出来，并用容器承接收集，最后过滤、销售或贮藏。

（1）生产准备　在生产蜂蜜的当天早上，清扫蜂场并洒水，保持生产场所及周围环境的清洁卫生。用清水冲洗生产工具和盛蜜容器等与蜂蜜接触的一切器具，晒干备用，必要时使用 75% 的酒精消毒。生产人员着装工作服，戴帽戴口罩，注意个人卫生，以及必要的防护着装。

（2）操作规程　包括脱落蜜蜂→切割蜜盖→分离蜂蜜→归还巢脾 4 个步骤。

1）脱落中蜂：人站在蜂箱一侧，打开大盖，推开贮蜜继箱的隔板，腾出空间，两手紧握框耳，依次提出巢脾，对准继箱内空处、蜂巢正上方，依靠手腕的力量，上下迅速抖动 2～3 下，使工蜂落下，再用蜂刷扫落巢脾上剩余的工蜂（图 4-43）。

抖落中蜂　　　　　吹落中蜂

图 4-43　脱蜂（引自 www. beeman. se）

2）切割蜜盖：左手握着蜜脾的一个框耳，另一个框耳置于割蜜盖架上（井字形木架）或其他支撑点上，右手持刀紧贴上梁侧面从下向上顺势徐徐拉动，割去一面房盖，翻转蜜脾再割另一面（图4-44），割完后送入分蜜机里进行分离。

图4-44 电热割蜜刀切割蜜房盖

（引自 www. megalink. net/ ~ northgro/ images）

3）分离蜂蜜：将割除蜜房盖的蜜脾置于分蜜机的框笼里，转动摇把，由慢到快，再由快到慢，逐渐停转，甩净一面后换面或交叉换脾，再甩净另一面。

⚠️【注意】 转动摇把用力大小，即蜜脾的旋转速度，以甩净蜂蜜不破坏巢脾和不甩动幼虫为度。

4）归还巢脾：取完蜂蜜的巢脾，清除蜡瘤、削平巢房口后，立即返还蜂群。

（3）贮存蜂蜜 分离出的蜂蜜，及时撇开上浮的泡沫和杂质，并用80～100目无毒滤网过滤，再装入专用包装桶内，每桶盛装75kg或100kg，贴上标签，注明蜜源、蜂蜜的浓度、生产日期、生产者、生产地点和生产蜂场等，最后封紧桶口，贮存于通风、干燥和清洁的仓库中。

2. 生产巢蜜

工蜂把花蜜酿造成熟贮满蜜房、泌蜡封盖并直接作为商品被人食用的叫巢蜜。

（1）工艺流程 巢蜜的生产工艺流程如图4-45所示。

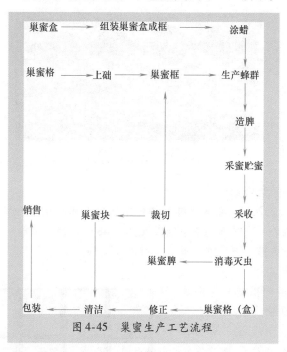

图 4-45　巢蜜生产工艺流程

（2）操作方法

1）组装巢蜜框：巢蜜框架大小与巢蜜盒（格）配套，四角有钉子，高5～6mm。先将巢蜜框架平置在桌上，把巢蜜盒每两个盒底上下反向摆在巢框内，再用24号铁丝沿巢蜜盒间缝隙竖捆两道，等待涂蜡（图4-46）。或者把巢蜜盒（或格）组合在巢蜜框架内，置于T形或L形托架上即可（图4-47）。

图 4-46　组盒成框

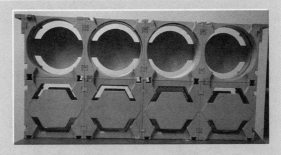

图4-47 巢蜜盒及框架

2）镶础或涂蜡：

① 盒底涂蜡。首先将纯净的蜂蜡加少许开水并加热熔化，然后把表面附着一层绒布的盒子础板（图4-48）在蜡液里蘸一下，再对准巢蜜盒内按一下，整框巢蜜盒就被涂上蜂蜡。为了生产需要，涂蜡尽量薄、少。

② 格内镶础。先把巢蜜格套在格子础板上，再把切好的巢础置于巢蜜格中，用熔化的蜡液沿巢蜜格巢础座线将巢础粘牢，或用础轮沿巢础边缘与巢蜜格巢础座线滚动，使巢础与座线粘在一起。

3）修筑巢蜜房：利用生产前期蜜源修筑巢蜜脾，3~4天即可造好巢房。根

图4-48　巢蜜础板
（引自 Killion 1975）

据工蜂多少，在巢箱上加巢蜜继箱，中间加隔王板，继箱放3~4个巢蜜框架，与封盖子脾相间放置，巢箱里放等量巢脾（图4-49）。

4）组织生产群：单王生产群，在主要蜜源植物泌蜜开始的第二天调整蜂群，把继箱卸下，巢箱脾数压缩到5框，蜜粉脾提出（视具体情况调到副群或分离蜜生产群中），巢箱内子脾按正常管理排列。巢箱调整完毕，在其上加平面隔王板，隔王板上面放巢蜜箱

（图 4-50），巢蜜框架与小隔板间隔放置，以预先设定的钉头高度为蜂路大小，挤紧摆正。

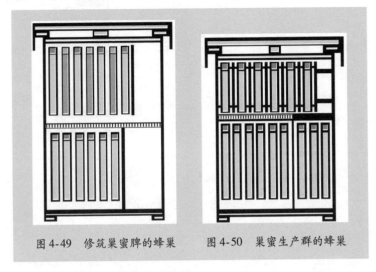

图 4-49　修筑巢蜜脾的蜂巢　　图 4-50　巢蜜生产群的蜂巢

在荆条等主要蜜源开花泌蜜季节，将巢蜜框架直接放置在继箱里，相向以角柱顶住，供中蜂造脾贮蜜。

5）管理生产群：使用浅继箱生产巢蜜。

① 叠加继箱。组织生产蜂群时加第一继箱，箱内加入巢蜜框后，应达到蜂略多于脾，待第一个继箱贮蜜 60％ 时，蜜源仍处于泌蜜盛期，及时在第一个继箱上加第二个继箱，同时把第一个继箱前、后调头，当第一个继箱的巢蜜房已封盖 80％，将第一个巢蜜继箱与第二个调头后的继箱互换位置（图 4-51）。若蜜源丰富，第二个继箱贮蜜已达 70％，第一个继箱的巢蜜房完全封盖时，及时撤下，加第三个继箱于第二个继箱上面，循环添加继箱生产。

② 控制分蜂。生产巢蜜的蜂群须应用优良新王，及时更换老劣蜂王；加强遮阳和通风。

③ 控制蜂路。继箱小隔板与巢蜜脾间的蜂路控制在 6mm 为宜。

④ 促进封盖。当主要蜜源即将结束，蜜房尚未贮满蜂蜜或尚未完全封盖时，须及时用同一品种的蜂蜜强化饲喂。没有贮满蜜的蜂群喂量要足，若蜜房已贮满等待封盖，可在每天晚上酌情饲喂。饲喂

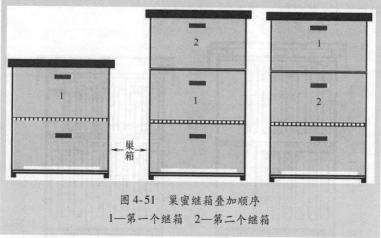

图 4-51　巢蜜继箱叠加顺序
1—第一个继箱　2—第二个继箱

期间揭开覆布，以加强通风，排除湿气。

⑤ 防止盗蜂。蜜源末期结束生产，如果还需延续，发现盗蜂可用纱房防治：为被盗蜂群做一个长宽各1m、高2m，四周用尼龙纱围着的活动纱房，罩住被盗蜂群。被盗不重时，只罩蜂箱不罩巢门；被盗严重时，蜂箱、巢门一起罩上，开天窗让中蜂进出，待盗蜂离去、蜂群稳定后再搬走纱房。

利用透明无色塑料布罩住被盗蜂群，亦可达到撞击、恐吓直至制止盗蜂的目的。

根据具体情况，灵活采用其他防止盗蜂的方法。

> 【提示】 如果蜂场周边 1.5km 内没有其他中蜂场，或者 2.5km 内没有意蜂场，在没有蜜源季节生产巢蜜，喂蜂时要全场同时饲喂，而且喂量要足。

（3）采收与包装

1）采收。巢蜜盒（格）贮满蜂蜜并全部封盖后，把巢蜜继箱从蜂箱上卸下来，放在其他空箱（或支撑架）上，用吹风机吹出中蜂（图 4-52）。

2）灭虫。用含量为56%的磷化铝片剂对巢蜜熏蒸，在相叠密闭的继箱内按20张巢蜜脾放1片药，进行熏杀，15天后可彻底杀灭蜡螟的卵、虫。

3）修正。将灭虫后的巢蜜从继箱中提出，解开铁丝，用力推出巢蜜盒（格），然后用不锈钢薄刀片逐个清理巢蜜盒（格）边缘和四角上的蜂蜡及污迹，再盖上盒盖或在巢蜜格外套上盒子（图4-53）。

图4-52　卸下巢蜜继箱　　　　图4-53　格子巢蜜的修整与包装

（引自 www.glorybeefoods.com）

4）裁切包装。如果生产的是整脾巢蜜，则须经过裁切和清除边缘残蜜后再进行包装（图4-54和图4-55）。根据要求采用模具裁切蜜脾，然后将巢蜜脾置于平面纱网上将余蜜滴尽，再进行包装。

图4-54　切割巢蜜脾，清除边缘残蜜　　图4-55　切割巢蜜，用玻璃

（引自 www.honeyflowfarm.com）　　纸包裹后再用透明塑料盒包装

5）贮藏或运输。根据巢蜜的平整与否、封盖颜色、花粉房的有无、重量等进行分级和分类，剔除不合格产品，然后装箱，在每2层巢蜜盒之间放1张纸，防止盒盖的磨损，再用胶带纸封严纸箱，最后把整箱巢蜜送到通风、干燥、清洁、温度在20℃的仓库中保存。若长久保存，室内相对湿度应保持在50%~75%。按品种、等级、类型分垛码放，纸箱上标明防晒、防雨、防火、轻放等标志。

在运输巢蜜过程中，要尽量减少震动、碰撞，要苫好、垫好，避免日晒雨淋，防止高温，尽量缩短运输时间。

（4）高产措施　新王、强群和蜜源充足是提高巢蜜产量的基础，连续生产，可加快生产速度，安排2/3的蜂群生产巢蜜，1/3的蜂群生产分离蜜，在泌蜜期集中生产，泌蜜后期或泌蜜结束，集中及时喂蜜。

在生产过程中，严格按操作要求、巢蜜质量标准和食品卫生规定作业。坚持用浅继箱生产，严格控制蜂路大小和保持巢蜜框竖直。防止污染，不用病群生产巢蜜。饲喂的蜂蜜必须是纯净、符合卫生标准的同品种蜂蜜，不得掺入其他品种的蜂蜜或异物，生产饲喂工具无毒，用于灭虫的药物或试剂，不得对巢蜜外观、气味等造成污染。在巢蜜生产期间，不允许给蜂群喂药。

二　榨取蜂蜡

把工蜂分泌蜡液筑造的巢脾，利用加热的方法使之熔化，再通过压榨或上浮等程序，使蜡液和杂质分离，蜡液冷却凝固后，再重新熔化浇模成型，即成固体蜂蜡。工蜂蜡腺分泌的蜡液是白色的，由于花粉、育虫等原因，蜂蜡的颜色有乳白色、鲜黄色、黄色、棕色、褐色几种颜色。

（1）工艺流程　榨取蜂蜡的工艺流程如图4-56所示。

（2）生产方法

1）搜集原料。饲养强群，多造新脾，淘汰旧脾；平时搜集野生蜂巢、巢穴中的赘脾（图4-57）等。

2）加热熔化。将蜂蜡原料置于熔蜡锅中（事先向锅中加适量的水），然后加热，使蜡熔化。

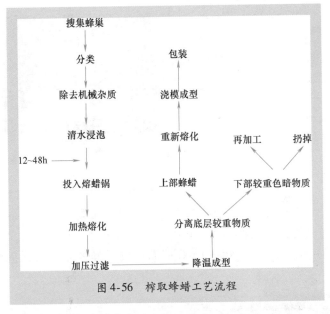

搜集蜂巢

分类 → 包装

除去机械杂质 → 浇模成型

清水浸泡 → 重新熔化 → 再加工 / 扔掉

12~48h → 投入熔蜡锅 → 上部蜂蜡 / 下部较重色暗物质

加热熔化 → 分离底层较重物质

加压过滤 → 降温成型

图 4-56　榨取蜂蜡工艺流程

3）榨取蜡液。将已熔化的原料蜡连同水一起倒入特制的麻袋或尼龙纱袋中，扎紧袋口，放在挤压板上，以杠杆的作用加压，使蜡液从袋中通过缝隙流入盛蜡的容器内，稍凉，撇去浮沫。

图 4-57　人工饲养的中蜂所造的赘脾

4）降温凝固。蜡液凝固后即成毛蜡，用刀切削，将上部色浅的蜂蜡和下面色暗的物质分开。

5）浇模成型。将已进行分离、色浅的蜂蜡重新加水熔化，再次过滤和撇开气泡，然后注入光滑而有倾斜度边的模具，待蜡块完全凝固后反扣，卸下蜡板（图 4-58）。

6）包装贮存。把蜂蜡进行等级划分，以50kg或按合同规定的重量为1个包装单位，用麻袋包装。麻袋上应标明时间、等级、净重、产地等。贮存蜂蜡的仓库要求干燥、卫生、通风好，无农药、化肥、鼠，蜡袋应码好。

图4-58　蜡板

第九节　三活养蜂方法

三活养蜂法即指子脾可以移上去、蜂蜜能够拿下来、巢框随时取出来的中蜂饲养方法。利用这个技术，蜂群长大时群势可达9脾蜂，相当于一个12～13脾的意蜂群，蜂数近4万只，蜂病减少。

一　工具

1. 蜂箱

以标准意蜂箱为基础，对通风、巢门进行改良而成。

（1）二箱体　标准意蜂郎氏箱体，1个巢箱和1个继箱，巢、继箱之间不用隔王板。巢箱底部开5cm宽、长约40cm的通风纱窗1个（通风用），前面箱壁靠下约2/3（18cm）为活动挡板，可自由摘取和安装，以方便从底部观察蜂群盛衰及王台、防治病虫害、喷水、清扫杂物等；继箱为普通继箱。

（2）三箱体　箱体之间无隔王板，巢箱底开5cm宽、长约40cm的通风纱窗1个（通风用），前面箱壁靠下约2/3为活动挡板，可自由摘取，以观察蜂群盛衰及王台、防治病虫害、喷水、清扫杂物等；继箱为标准郎氏箱体高的一半（图4-59）。

活动挡板厚与箱壁相同，上下各留巢门，上边左右开两个巢门，下边中间开大巢门，根据蜂群大小和采蜜情况下上翻转使用，巢门用厚1mm的铝合金片开0.39cm高的3道缝隙供工蜂出入，另在巢门向上处加雄蜂门，供雄蜂进出，在分蜂季节，也可加装王笼，用于诱捕蜂王（图4-60）。

深继箱 ←   → 浅继箱

图4-59　蜂箱及装好活动挡板　　　图4-60　取下活动挡板，
　　　　　　　　　　　　　　　　　　上下有巢门，设置阻隔片

2. 巢框

（1）大巢框　上梁长48.2cm、宽2~2.3cm、厚2cm，腹面具巢沟，由杉木制成。巢框内宽37cm（最小处）、内高34cm。侧条由硬木制造，高36.5cm，宽与上梁相同，厚约1.2cm，侧条内各镶嵌1根铝合金滑道（由铝合金推拉门或窗的材料改造而来），滑道中间槽沟供活动巢脾移动，滑道一侧上下距上梁或下梁4cm处各开1cm直径的半圆形凹槽，供取下活动巢脾用。巢框中有两个无梁活动小巢框（小活框）（图4-61）。

图4-61　大巢框套小活框

（2）小活框　小活框的构造由两根木条和两根铁丝组成，木块长约11cm，宽与上梁等同，厚约1.2cm，两端中央开0.1cm宽、深约0.5cm的槽缝，供拉线用，木条侧面靠近中央相距3cm左右钉2个小钉子，供固定铁丝用，自小钉子与两端槽缝开0.1cm见方的小沟，供铁丝通过，避免小活框在移动时产生阻碍；小活框边条中央用自攻螺钉钉入，留0.1cm的头，通过滑道的凹槽卡进大槽框边条滑道中间槽沟内。小活框通过两端的槽缝和侧面的铁钉固定两根巢线，供上巢础、造脾用。

二 管理

(1) 蜂群摆放 2箱1组摆放，相邻近处巢门不开，防止中蜂迷巢。蜂箱置于50cm高的木架上，图4-62所示为楼顶阳台的试验蜂场。

(2) 场地 楼房阳台、地面均可。楼房阳台、地面铺垫旧地毯，夏季喷水以增加湿度和降低温度。箱底地面上摆放砖块，作为老婆虫（鼠妇）的栖居之所，用于捕食坠落或寄生的蜡螟小幼虫。

(3) 检查 平时通过箱外观察推断蜂群生长和采蜜情况；其次是打开前部活动挡板，从下部观察巢脾新旧和颜色、长势、有无王台、工蜂稀稠等，进一步断定蜂群正常与否；最后是打开蜂箱提脾检查（图4-63）。

图4-62 楼顶阳台试验蜂场　　图4-63 提脾检查

(4) 繁殖

1）建产房：早春，一般2张脾，利用冬季留下的上部小活脾（框）开始繁殖，下部小活脾撤除，边脾外加隔板。随着蜂群长大，巢脾向下延伸，蜂巢向下发展。晚春至秋末，移动小活框，让中蜂建新房供蜂王产卵。

蜂巢空隙处放置温度、湿度计，以观察巢温和湿度变化。在外界温度超过35℃的天气条件下，箱中空隙处温度为32℃左右，湿度为70%。

2）喂饲料：适当进行奖励饲喂，用大小合适的器皿（如1个碗、1个塑料盒），边缘贴上薄巢房片或巢础片，供中蜂攀登，碗内放置秸秆供工蜂攀附，打开前部活动挡板，从下送进蜂箱，边缘靠近蜂团（图4-64）。平常无蜜源时，适当喂蜂，以加强繁殖。

图4-64　打开活动挡板，可以观察蜂群内部情况，能够喂水、喂糖、育王和喷药等工作

在没有花蜜采进时，无论蜂巢中有无蜂蜜，都应适量喂糖促进其繁殖。

3）供水：蜂箱底部放置棉纱布，每天通过巢门向棉纱布上洒水，增加其湿度。也可以用水管直接将水浇在上部覆布上，覆布共2层，上层为尼龙纸片，下层为棉布。

4）扩巢：根据蜂群生长快慢和大小，及时装上下部小活框供中蜂繁殖，在原有大活框巢脾长大达下梁时，在边脾位置添加相同的巢础框。

5）分蜂：将诱捕王笼置于巢门隔王片上方，留通道供蜂王进入。分蜂时，蜂王仅能进入诱捕王笼中，而不能通过隔王片飞逃，待蜂王进入诱捕王笼时，关闭王笼，取出置于（挂在）收蜂笼下方，待分出的蜜蜂聚集后，倒入预先备好的蜂箱中另成1群。余下中蜂留王台1个。

（5）育王　蜂群无王，将优质蜂群有卵巢脾割下1小块，用2根竹签插在原有巢脾适当位置，工蜂即建造王台培养蜂王。利用强群工蜂卵培育的蜂王，接近蜂群自然育王情景，蜂王个体大、产卵好（图4-65）。

三　生产

根据蜂蜜盈亏、封盖与否和客户要求，随时取蜜。

（1）**脱蜂**　将有蜜脾取出，抖落或吹落中蜂，用蜂刷扫除余蜂。

（2）**卸框**　将巢脾置于上放有井字架的盆或盒等容器上边，用刀子沿子脾上方与蜜房衔接处将巢脾割开，要求平整水平，再用刀子将上部有蜜巢脾与大活框上梁、边条分离，旋转小巢脾两端的木（侧）条，然后推动巢脾移向滑道凹槽，取出蜜脾（图4-66）。

图 4-65　移脾育王　　　　　　图 4-66　卸框割蜜

（3）**割蜜**　用刀子将蜜脾与小活框分离，蜜脾收起放入容器中，等待脾、蜡分离或绞碎混合。小活框清除蜜蜡残渣后用清水冲洗。

脾、蜡分离采取加热或压榨的方法，见第六章。

（4）**移子脾还框**　卸下小活（蜜）脾的大活框，及时清理残蜜、残蜡，再将巢框（脾）倒置、放平，将下部子脾推向下方（上）框梁，贴紧（图4-67）。最后将清理干净的小活框从巢框下部滑道凹槽插入，推到适当位置（紧贴子脾），将巢脾转正，还给蜂群（图4-68）。

图 4-67　上移子脾　　　　　　图 4-68　添加小活框

秋末，蜂群断子，取出巢脾，将优质蜜足巢脾，割去空巢房和子房，留下上部蜜脾，还给蜂群，每群留 3～4 张，这也是越冬和春季繁殖巢脾。

防治胡蜂，以拍打为主。

——第五章——
活框饲养良种选育

在养蜂生产中，蜂王的培养和管理至关重要，蜂王质量好，每年按时更新，是提高产量和工作效率的有效措施。

蜂种改良主要是针对本蜂场的具体情况，采取选择、引进、杂交等育种手段，通过培育蜂王，达到提高产量、改善蜂群低劣品质和增强抗病能力的目的。实际上，每年育王和换王都是在做这项工作，通过育王分蜂扩大经营。

第一节　良种来源

一　引进良种

蜜蜂引种就是将外地的优良蜜蜂品种、品系或生态型引入本地，经严格考察后，对适应当地的良种在养蜂生产中推广，或作为蜜蜂育种素材加以利用。引种是丰富蜜蜂育种素材的重要手段，引进和合理地利用外来蜜蜂育种素材是提高育种效果和提高蜂王品质的重要措施。关于西方蜜蜂，我国先后从国外引进了意大利蜜蜂、卡尼鄂拉蜜蜂、高加索蜜蜂、喀尔巴阡蜜蜂等品种或品系，通过试养试验，从中选出适合我国各地饲养的一些品种或品系，并在生产上推广使用，对发展我国的养蜂生产起到了重要的推动作用。对于中蜂，我国没有从其他国家引进相似或近缘的东方蜜蜂亚种；在国内为保护各地中蜂基因不被混杂，以及预防蜂病传播，从国家层面也不提倡远距离引种或蜂种交流。然而，可以从本地 10km 以外的地方引进抗病、高产蜂群（或蜂王），改良自己蜂场的中蜂种性。

一般情况下，近距离引进的中蜂良种可以直接作为母本培育蜂王，或仅作为父本生产雄蜂，用其后代再与本场中蜂杂交。

在中蜂引种时，可以从本地高产抗病蜂场或中蜂原种场、种蜂场购买优良品种的种蜂王或种蜂群，也能引进优良品种的受精卵。对引进的种蜂王与种蜂群，应进行详细的登记编号，建立引种档案。引种登记编号的内容包括引进蜂种的名称、原产地、引进地、引进数量、收到蜂种的日期、收到蜂种后的处理措施、引进蜂种的主要生物学特性和经济性状等。引进的种蜂王，应及时诱入由幼龄工蜂组成的无王群里；引进的种蜂群，应将其隔离饲养，并严格控制雄蜂、处女蜂王和自然分蜂，以防蜂病的传播和不良蜂种基因的扩散。若是受精卵，经标记后要及时放入育王群中进行保温与孵化，以供移虫育王。引进的蜂种先单独放在隔离条件下进行试养观察，无病应用，有病销毁，防止疾病传染。

远距离引进的蜂种，须进行隔离饲养观察，经济性状、生活习性、抗病性能等必须符合要求，否则做销毁处理。

> ● 【提示】 一个养蜂场，经过长期对蜂群的定向选择，或经过引进优良种蜂王进行杂交，可培养出生产能力高和抗病能力强的蜂群。

二 选育良种

1. 选种目标

中蜂的选种目标是蜂群强壮、抗病，以此改良群体性状，达到蜂蜜优质、高产和管理省力的目的。为此，可利用选择或杂交的手段，实现育种目标。例如，经过对本场蜂群的长期考察和本地中蜂的普查以后，以单产在 30kg 以上、群势在 25000 只工蜂以上和抗囊状幼虫病强为中蜂的选种目标，并在当地和自己蜂场寻找符合要求的蜂群作为种群养王，通过长期选育，就能达到高产、高效的育种目的。

本场自选种群，饲养规模须长期在 60 群以上。

2. 选种方法

在我国养蜂生产中，选种多采取个体间选择和家系内选择的方式，在蜂场中选出种群生产蜂王，使其优良性状更加明显和稳定，这是当今可行的、安全的和提倡的培育优良中蜂的技术措施。常用的选择方法有个体选择、家系内选择和家系间选择。

例如，在图 5-1 中，5 个家系的 a、b、$c \cdots x$、y 25 群蜂中，选出 10 群作为种用群，用个体选择是 f、u、v、g、a、h、w、x、b、i，用家系内选择是 a、b、f、g、k、l、p、q、u、v，用家系间选择是 f、g、h、i、j、u、v、w、x、y。

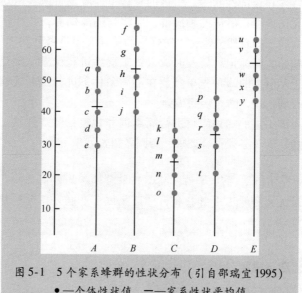

图 5-1 5 个家系蜂群的性状分布（引自邵瑞宜 1995）
●—个体性状值 —家系性状平均值

（1）个体选择 在一定数量的蜂群中，将某一性状表现最好的蜂群保留下来，作为种群培育处女蜂王和种用雄蜂。在子代蜂群中继续选择，使这一性状不断加强，就可能选育出该性状突出的良种。

（2）家系内选择 从每个家系中选出超过该家系性状表型平均值的蜂群作为种群，适用于家系间表型相关较大、而性状遗传力低的情况。这种选择方法可以减少近交的机会。

118

3. 选种方向

中蜂选种方向以抗病、维持大群、蜂蜜产量高为主。工蜂的性状受父本和母本的影响，育王之前选择父群培育雄蜂，遴选母群培育幼虫，挑拣正常的强群哺育蜂王幼虫。种群可以在蜂场中挑选，也可以引进，选择的项目如下：

（1）父群的选择　根据上述选种方法，将采集力强、繁殖快、分蜂性弱、抗逆力强和工蜂盗性小、温驯和其他生产性能突出的蜂群，挑选出来培育种用雄蜂。父群数量一般以蜂群数量的 10% 为宜，培养出数量为处女蜂王 80 倍以上的健康适龄雄蜂。

（2）母群的选择　通过全年的生产实践，全面考察母群种性和生产性能，将繁殖力强、产量最高、维持强群、抗巢虫和幼虫病、具有稳定特征的蜂群选择出来，作为种用母群。

此外，作为种群，还要求蜂王个大、产卵力强、子脾整齐，群势在 8 脾蜂（约 25000 只）左右。

三　杂交育种

中蜂杂交产生的子代，生活力、生产力等方面往往超过双亲，是迅速提高产量和改良种性的方法。获得中蜂杂交优势，首先要对杂交亲本进行选优提纯和选择合适的杂交组合，以及遴选杂交优势表现的环境。

中蜂杂交配对时，只能在海南中蜂、东部中蜂、藏南中蜂和阿坝中蜂等东方蜜蜂亚种间进行，杂交也可以在同一亚种不同生态型之间进行，即使同一生态型在距离较远（100km 以上）的地区之间，也可引种，利用杂种优势。

在自然条件下，中蜂与大蜜蜂、小蜜蜂等其他野生蜜蜂品种存在着生殖（交配）屏障，目前的科学技术也没有使东方蜜蜂与西方蜜蜂等品种杂交成功。据陈学刚老师介绍，利用意蜂哺育中蜂王台小幼虫的方法，可以影响培育蜂王的质量，达到"营养杂交"的目的，产生的蜂王体大、群势也大。

远距离购买中蜂种群进行杂交育种的方法，现在没有推广，因为缺少对中蜂种质资源影响的风险评估和控制措施。

（1）单交　用 1 个品种的纯种处女蜂王与另 1 个品种的纯种雄

蜂交配，产生单交王。由单交王产生的雄蜂，与蜂王具有相同种性（即基因完全来自于蜂王），产生的子代工蜂或蜂王是具有双亲基因的第一代杂种。由第一代杂种工蜂和单交王组成单交种蜂群，蜂王和雄蜂不具备杂种优势，但工蜂是杂种一代，具有杂种优势。

(2) 三交　用 1 个单交种蜂群培育处女蜂王，与 1 个不含单交种血缘的纯种雄蜂交配，产生三交王。蜂王本身仍是单交种，后代雄蜂与母亲蜂王一样，也为单交种，子代工蜂和蜂王为具备 3 个蜂种基因的三交种。三交种蜂群中，蜂王和工蜂均为杂种，都能表现出杂种优势，所以三交种群的后代所表现的总体优势比单交种群好。

(3) 双交　用 1 个单交种培育的处女蜂王与另 1 个单交种培育的雄蜂交配称为双交。双交种群，蜂王仍为单交种，含有 2 个种的基因，产生的雄蜂与蜂王一样也是单交种；子代工蜂和蜂王含有 4 个蜂种的基因，为双交种，能产生较大的杂种优势。

(4) 回交　采用单交种的处女蜂王与父代雄蜂杂交，或单交种雄蜂与母代处女蜂王杂交称为回交，其子代称为回交种。回交育种的目的是增加杂种中某一亲本的遗传成分，改善后代蜂群性状。

四　注意事项

选种需要避免近亲交配，因此，参加竞选母群的蜂场应在 60 群以上，与处女蜂王交配的雄蜂则由所有参加竞选的蜂群中自由产生。

杂交需要在其后代中进行选育，保留子代性状结合好的作为种群，再与引种蜂王回交，杂种优势才会很好地表现出来。

无论选种或杂交，需要预防无关的雄蜂参加蜂王交配。

第二节　人工育王

一　人工育王原理

通常蜂群只有 1 只蜂王，每年春天第一个主要蜜源泌蜜期结束（如在河南省 4 月底~5 月上旬），蜂群强盛，食物充足，中蜂开始培育新的蜂王准备分蜂，蜂群正常培养蜂王是在巢脾的下沿（图 5-2）。

蜂王和工蜂均由受精卵发育而成，产在王台和工蜂巢房的卵和初孵化的幼虫完全一样，吃的都是蜂乳（即蜂王浆）。3 天后，工蜂巢房中的幼虫被改喂蜂粮和蜂蜜的混合物，以后发育成具有工作能力的工蜂，而在王台中的幼虫，则始终供给蜂王浆，将来发育成能够正常产卵的蜂王。若将工蜂房中的小幼虫移到王台中，喂养蜂王浆，它也能长成蜂王，蜂群中的改造王台证明了这一事实（图5-3）。

黄智勇 摄

图 5-2 王台——蜂群培育蜂王 图 5-3 改造王台——蜂群
的王宫 培养蜂王的行宫

（引自 www. beeclass. com）

所以，将蜂群培养成强群，供应充足的食物，并用隔王板将蜂巢分成两区，蜂王在下边产卵，进行蜂群繁殖，上边为无王区，供培养蜂王。然后，仿造自然王台，用蜂蜡做成王台基，并将工蜂房中 1 日龄幼虫移住，再置于无王区，辅之必要的管理措施，就能培育出蜂王。

二 人工育王方法

1. 育王计划

（1）育王时间 一年中第一次大批育王时间应与所在地第一个主要蜜源泌蜜期相吻合，例如，在河南省养蜂（或放蜂），采取油菜花盛期（4月上中旬）育王，末期（4月下旬~5月上旬）把蜂王更换，或春天出现雄蜂时移虫育王。

（2）工作程序 在确定了每年的用王时间后，依据蜂王生长发育历期和交配产卵时间，安排育王工作（表5-1）。

2. 操作规程

中蜂的性状受父本和母本的影响，育王之前选择父群培育雄蜂，遴选母群培育良种幼虫，挑选正常的强群哺育蜂王幼虫，三者同等重要。

表5-1　人工育王工作程序

工作程序	时间安排	备　注
确定父群	培育雄蜂前1～3天	
培育雄蜂	复移虫前15～30天	
确定、管理母群	复移虫前7天	
培育蜂王幼虫	复移虫前4天	
初次移虫	复移虫前1天	移1日龄其他健康蜂群的幼虫（数量为计划蜂王的120%）
复移幼虫	初次移虫后12～24h	移12h龄蜂王幼虫
组织交配蜂群	复移虫后8天	也可分蜂（数量为120%）
分配王台	复移虫后9～10天	
蜂王羽化	复移虫后12天	
蜂王交配	羽化后8～9天	
新王产卵	交配后2～3天	
提交蜂王	产卵7天后	

（1）**培育种用雄蜂**　父群的挑选应侧重于蜂群采集能力，一般需要考察1年以上。

首先割除旧脾的上部，让工蜂筑造雄蜂房，然后用隔王栅阻隔，引导蜂王于计划的时间内在雄蜂房中产卵。

蜂巢内工蜂要稠密，蜂脾比不低于1.2∶1，适当放宽雄蜂脾两侧的蜂路。保持蜂群饲料充足，在没有主要蜜源开花泌蜜时须奖励饲喂，直到育王工作结束。

（2）**培育种用幼虫**　依据全年的生产实践进行选择，要求母群工蜂体色一致、繁殖力强、维持强群。

蜂巢内工蜂要稠密，蜂脾比不低于1.2∶1，在提取幼虫前1个星期，适当限制蜂王产卵，3天后加入适合养虫的巢脾，并奖励饲喂。

母群应有充足的蜜粉饲料和良好的保暖措施。在移虫前1周，将蜂王限制在巢箱中部充满蜂儿和蜜粉的3张巢脾的空间，在移虫前4天，用1张适合产卵和移虫的黄褐色带蜜粉的巢脾将其中1张巢脾置换出来，供蜂王产卵。

（3）**制造台基**　人工育王宜用蜡质台基。先将蜡棒置于冷水中浸泡半小时，选用蜜盖蜡放入熔蜡罐内（罐中可事先加少量水）加热，待蜂蜡完全熔化后，把熔蜡罐置于约75℃的热水中保温，除去浮沫。然后，将蜡棒甩掉水珠并垂直浸入蜡液7mm处，立即提出，稍停片刻再浸入蜡液中，如此2～3次，浸入的深度一次比一次浅。最后把蜡棒插入冷水中，提起，用左手食、拇二指压、旋，将蜡台基卸下备用（图5-4）。

图5-4　制造蜡质台基

育王也可选用塑料王台，并通过塑料房壁可观察蜂王蛹的状态。

（4）**安装台基**　取1根筷子，用其端部与右手食指挟持蜂蜡台基，并将蜡台基底部蘸少量蜡液，垂直地粘在台基条上，每条7个左右（图5-5）。

（5）**修补台基**　将粘装好的蜂蜡台基条装进育王框（图5-6）中，再置于哺育群内3～5h，让工蜂修正蜂蜡台基近似自然台基，即可提出备用。

图5-5　粘装蜂蜡台基

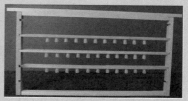

图5-6　育王框

（6）**移虫**　从种用母群中提出1日龄内的虫脾，左手握住框耳，轻轻抖动，使蜜蜂跌落箱中，再用蜂刷扫落余蜂于巢门前。虫脾平放在木盒中或隔板上，使光线照向脾面，再将育王框置其上，转动待移虫的台基条，使其台基口向上斜外，其他台基条的蜡台基口朝向里。

选择巢房底部王浆充足、有光泽、孵化12~18h的工蜂幼虫房，将移虫针的舌端沿巢房壁插入房底，从王浆底部越过幼虫，顺房口提出移虫针，带回幼虫，将移虫针前端送至蜡台基底部，按压推杆，移虫舌将幼虫推向台基的底部，退出移虫针（图5-7）。

图5-7　寻找幼虫和正确使用移虫针

移虫结束，立即将育王框放进哺育群中。

> 【提示】　移虫时，在王台中加1滴蜂蜜，或采取复式移虫措施，可提高处女蜂王的质量。

(7) 哺育　挑选有25000只以上工蜂、高产、健康的蜂群作为哺育群，各型和各龄蜜蜂比例合理，以蜂多于脾为宜，巢内蜜粉充足。种用雄蜂群或种用母王群都可作为哺育幼王的蜂群。

在移虫前1~2天，先用隔王板将蜂巢隔成2区，一区为供蜂王产卵的繁殖区，另一区为幼王哺养区，养王框置于哺养区中间，两侧置放小幼虫脾和蜜粉脾。每天傍晚喂0.15kg的糖浆，喂到王台全部封盖。

在组织哺育群后的第七天检查，除去所有自然王台。

> ⚠️【注意】 在低温季节育王，应做好保暖工作，高温季节育王则需遮阳降温。

3. 新王交配

（1）交配群的组织 如果利用原群作为交配群，就在介绍王台的前 2 天下午提出原群蜂王，48h 后介绍王台。

如果组织专门的交配群，就从强群中提取所需要的子、粉、蜜脾，带 7000 只中蜂，使蜂多于脾，除去自然王台后分配到交配箱中。

在分区管理中，用闸板把巢箱分隔为较大的繁殖区和较小的、巢门开在侧面的处女蜂王交配区，并用覆布盖在框梁上，与繁殖区隔绝。在交配区放 1 框粉蜜脾和 1 框老子脾，蜂数 7000 只左右，第二天介绍王台。

（2）选择交配场地 交配场地选在山区，蜜源丰富、连贯，远离意蜂饲养区域，场地开阔。交配蜂群提前 3 天到达，蜂箱散放，置于地形地物明显处。在蜂箱前壁贴上黄、绿、蓝、紫等颜色，帮助工蜂和处女蜂王辨认巢穴，而附近的单株小灌木和单株大草等，都能作为交配箱的自然标记。

> ➡️【提示】 一般蜂场，中蜂交配场地适合选择在无意蜂的平原或山区。

（3）导入成熟王台 移虫后第十天为导入王台时间，两人配合，从哺育群提出育王框，不抖蜂，必要时用蜂刷扫落框上的中蜂。一人用刀片紧靠王台条面割下王台，一人将王台镶嵌在蜂巢中间巢脾下角空隙处。在操作过程中，防止王台割裂、冻伤、震动、倒置或侧放。

（4）交配群的管理

1）检查时间：导入王台前开箱检查交配群中有无王台和蜂王，导入王台 3 天后检查处女蜂王羽化情况和质量；处女蜂王羽化后 6～

10 天，在 10：00 前或 17：00 后检查处女蜂王交配或丢失与否，羽化 12~13 天后检查新王产卵情况，若气候、蜜源和雄蜂等条件都正常，应将还未产卵或产卵不正常的蜂王淘汰。

2）管理措施：严防盗蜂，气温较低时对交配群进行保暖处置，高温季节做好通风遮阳工作，傍晚对交配群进行奖励饲喂以促进处女蜂王提早交配。

3）坚持奖励饲喂。

4）预防盗蜂。

三 培育优质蜂王的措施

优质蜂王产卵量大、控制分蜂的能力强。从外观判断，优质蜂王体大匀称、颜色鲜亮、行动稳健。

（1）管理措施 能否培育优质蜂王，除遗传因素外，在气候适宜和蜜源丰富的季节，采取种王限产，使用大卵养虫，复移 12h 龄幼虫育王，强（哺育）群限量喂养（不超过 20 个王台），保证种王群、哺育群食物充足，可培育出相对优质的蜂王。

（2）优中选优 在养王期间，对不正常的王台、个头小的处女蜂王、交配迟的蜂王和产卵不正常的蜂王，及时更换。

（3）常年育王 一个养蜂场，常年配备总蜂群数 10% 的育王群，随时更新质量差的蜂王。

第三节 更换蜂王

在新蜂王产卵满脾时，对质量合格的蜂王及时交付生产蜂群或繁殖蜂群，及时淘汰劣质蜂王。

一 导入蜂王

（1）邮寄王笼导入蜂王 接到蜂王后，首先打开笼门，放走侍从工蜂，然后关闭笼门，将邮寄王笼置于无王群两脾中间（图5-8），3 天后无工蜂围困王笼时，再放出蜂王。

（2）竹丝王笼换王法 将蜂王装进竹丝王笼中，用报纸裹上 2~3 层，在笼门一侧用针刺出多个小孔，然后抽出笼门的竹丝，并在王笼上下孔注入几滴蜂蜜，最后将王笼挂在无王群的框耳上，3天后取出王笼。

（3）喷水导入蜂王法
使用手动喷雾器，加入清水，在晴朗天气的14：00左右，将无王群中部的子脾提出，倚靠箱壁，待工蜂安静后，用喷雾器喷雾工蜂，使工蜂体表布满水滴，同时将蜂王也喷水滴，并放入喷雾的工蜂中。然后，对两侧的巢脾喷雾，再将有王巢脾还给蜂巢，恢复蜂巢原样，盖上副盖、大盖。

图5-8 利用邮寄王笼导入蜂王

⚠️ **【注意】** 在导入蜂王之前，须检查蜂群，提出原有蜂王，并将王台清除干净。在导入蜂王之后，3天内不开箱，通过箱外观察，如果工蜂采粉积极，就表明导入蜂王成功；发现工蜂围剿蜂王，应将蜂团放入温水中，待蜂散去，再次导入蜂王，受伤的蜂王则须淘汰。

二 邮寄蜂王

通过购买和交换引进蜂王，需要把蜂王装入邮寄王笼里邮寄，用炼糖作为饲料，正常情况下，路程时间在1周左右是安全的。

（1）有食无水邮寄法 王笼两侧凿开2mm宽的缝隙，深与蜜蜂活动室相通，一端装炼糖，炼糖上部覆盖1片塑料，中间和另一端装蜂王和6~7只年青工蜂，然后用铁纱网和订书针封闭，再数个并列，用胶带捆绑四面，留侧面透气，最后固定在有穿孔的快递箱子中投寄（图5-9）。

（2）有食有水邮寄法 王笼一端装炼糖，炼糖上面盖1片塑料，另一端塞上脱脂棉，向脱脂棉注水半饮料瓶盖。将蜂王和7只年青工蜂装在中间两室，然后套上纱袋，再用橡皮筋固定，最后装进牛皮纸信封中，用快递（集中）投寄（图5-10）。

图5-9　有食无水邮寄蜂王

图5-10　有食有水邮寄蜂王

第六章
无框饲养管理技术

无框养蜂属于传统养蜂的范畴，它是我国养蜂以来的蜜蜂文化和习俗，经过数千年的发展，形成了独特的饲养方式，更接近蜂群的自然生活方式，具有一定的科学性。由于我们对中蜂的生活习性没有意蜂了解得那样透彻，加上地域差异，活框饲养的中蜂群势多数小于无框的，蜂病却多于无框的，因此中蜂无框饲养方式还有相当数量。尽管当前活框养蜂是发展方向，而且超过一半的中蜂已经进行活框饲养，但是无框饲养在某些地区或自然保护区还会存在相当长的时间（图6-1）。

图6-1　湖北神农架中蜂自然保护区

无框饲养用圆形蜂桶、方形蜂桶、木箱、荆篓等作巢。例如，用蜂桶饲养中蜂，是将高60~80cm、直径35cm左右的树段内部镂空，在中间位置用两根粗细3cm见方的木条成十字形穿过树段，方木下方供造脾繁殖，上方供造脾贮存蜂蜜。蜂桶置于石头平面上或底座（木板）上，巢门留在下方，上口用木板或片石覆盖，并用泥土填补缝隙。

第一节　无框饲养中蜂的价值

一　经济价值与饲养基础

（1）**经济价值**　中蜂无框饲养取蜜次数较少（1年1次或2次），取的是封盖蜜、百花蜜，浓度高、品质好、营养全。每年蜂蜜产量在2.5～20kg。多数人认为只有传统饲养方法生产的中蜂蜜才是真正的"土蜂蜜""原生态蜜"，并且预防疾病价值高。实践证明，以传统方法生产的中蜂蜜价格多在120～200元/kg，数倍于意蜂蜜。因此，蜂场适当保留部分无框蜂群，可以招徕顾客，提高效益（图6-2）。

（2）**饲养基础**　中蜂无框饲养的蜂箱（桶）都是就地取材，管理简单，不喂或少喂饲料，用工少，成本低，只要对蜂群稍加照顾，就可取得一定的经济效益。这在缺少文化、信息闭塞和收入低微、没有技术的山区农村非常适用，被多数人接受（图6-3）。

图6-2　河南济源活框
兼无框饲养蜂场

图6-3　宁夏黄土高原窑洞
饲养中蜂

　　无框、定地饲养中蜂，适应了山区常年有花但不集中的蜜源环境，能够获得一定产量，比较稳产，投资风险较小，还有利于当地中蜂种群优胜劣汰、控制种群数量等。

　　蜂桶（箱）保温和保湿性能较好，适应蜂群在恶劣环境下生存。葛凤晨调查发现，东北长白山区冬季最低气温达－40℃，活框饲养的中蜂，其分蜂性和飞逃率均高于桶养和窑洞内的中蜂，越冬死亡率也较高。

生产实践证明，中蜂群势多数活框饲养的低于无框蜂桶（箱）的，总体效益也无明显提高，而且蜂病频发。无框饲养中蜂遍布全国广大山区，对山区开花植物授粉有着重要贡献。自然分出的蜂群，保持了种群繁衍的需要，具有重要的生态价值。

因此，在没有完全掌握中蜂生物学特性的情况下，维持当前各地一部分无框饲养的中蜂是有必要的。

二 无框饲养中蜂的蜂箱

我国养蜂历史悠久，地域广阔，饲养中蜂蜂箱的式样及与之配套的技术多种多样，大致有以下几种。

（1）窑洞蜂窝 在房舍土墙上、土山土坡上凿洞，开辟1个适合中蜂筑巢的方形或下方上圆的巢穴，洞口竖立1块木板作为挡板，下部钻孔供蜂出入。这种蜂窝大小不一，优点是保温较好，冬暖夏凉（图6-4）。类似的，在河南登封市，农户将墙壁掏空饲养中蜂（图6-5）。

图6-4 宁夏黄土高原窑洞养中蜂

图6-5 河南登封掏空墙壁饲养中蜂

（2）蜂桶 蜂桶是用圆木制作而成的，可卧可立，用材有桐木、橡木、椴木、松木、椰树等（图6-6），长短（高低）和内径随材料变化，一般长60～80cm，内径35cm左右，内径过小的蜂桶被称为"棒棒蜂（桶）"。制作方法有对剖式和中空式2种，形状有方有圆。

图6-6　利用（多层）椰桶饲养中蜂蜂场

1）对剖式圆形蜂桶：是将天然树干按要求截成若干树段，然后将树段一剖为二，再把中间部分掏空，最后合拢箍定，两头用木板或片石封堵，在其树干的一面钻直径5～6mm的圆孔供蜂出入（图6-7和图6-8）。

图6-7　利用对剖、横卧式蜂桶饲养中蜂蜂场

中蜂群巢脾与树段垂直走向　　　中蜂群巢脾与
　　　　　　　　　　　　　　　树段顺直走向

图6-8　对剖、横卧式蜂桶

2）中空式圆形蜂桶：直接将整个树段中间掏空，两头用木板堵上，接缝处用泥浆糊严。

蜂桶直立，中间插入十字形木棒，以支撑巢脾；卧式蜂桶无此装置（图6-9和图6-10）。

图6-9　圆形蜂桶　　　　图6-10　横卧式圆形蜂桶

3）木板式方形蜂桶：直立，由4块相同大小的木板合围而成，木板厚2.5～3.5cm、高约65cm、宽40cm左右，上、下用边长大于45cm的方形木板封堵，中间直插十字形木棒，支撑巢脾，一边板材开10个孔供蜂出入，内部容积70000～76000cm³。或下部置于石板、木板或水泥面上，上部搭盖杉树皮、石板、水泥瓦等遮挡雨物（图6-11）。此桶多流行于长江流域地区。

4）篾箍式蜂桶：用弧形木板围成的圆桶状蜂桶，外用竹篾箍紧，放置在屋檐下或山崖边（图6-12）。形式多样，有的中间略鼓；有的两头一样大小；有的一头稍大（40cm左右），一头稍小（35cm左右），长60~65cm，容积66000~72000cm³。

周冰峰 摄

图6-11 立式放形蜂桶　　　图6-12 篾箍式蜂桶

(3) 板箱 板箱横卧倒置，用6块木板合围而成，四周采用木条固定，内径左右长60cm、前后宽40cm、上下高33cm，大板有1块能活动、可安装、可取下，并在其下部留孔供蜂出入。

(4) 格子叠加蜂桶 由多个可活动、叠加的方格木框组成的蜂桶（图6-13），这种蜂桶最早出现于明末，在《致富全书》中有这样的记载："先照蜂巢式样，再作方匣一二层，令蜂作蜜脾子于下。"这种方格式蜂桶有继箱作用，取蜜于上格，育虫于下格，取蜜时可以不伤子。取蜜后从底部加格，让蜂群继续往下发展，基本上解决了取蜜与保存幼虫、蛹的矛盾，这是传统蜂桶中最为先进的一种。这种蜂桶主要流行于湖南东部、江浙一带。现市面上已有成品供应，方格长、宽均为33cm，每隔高有10cm、16cm、20cm 3种规格，上有纱盖及箱盖（图6-14）。使用10cm高的多为4层格子搭配（容积约为43000cm³），使用20cm高的多为3层格子搭配（容积为

63000cm^3）。在一些养蜂技术和饲养管理水平不高、蜜源条件不是很好、1年只取1次蜜的地区，有较高的应用价值。

图6-13　格子叠加蜂桶　　　　图6-14　格子蜂桶去掉箱盖
　　　　　　　　　　　　　　　　　　　和副盖的贮蜜格

（5）**篾篓式蜂桶**　凡用竹篾、藤条或荆条编织成圆筒状或背篓状的蜂桶，统称为篾篓式蜂桶，大致可分为长筒横卧式、竖立式、背篓式3种。

这种蜂桶内外要用泥巴糊严（也有只糊里面的）。为防止泥巴开裂，使用前泥巴要先放大水桶中，加入切碎的稻秆或麦秸，用水拌匀，经数月沤烂，增加泥巴中的纤维质及其韧性，待泥色发黑时即可使用。

长筒式开口于两端，用木板或篾编物堵上并糊严。竖放的则扣于木板、瓷砖或水泥基座上，上有顶盖。通常放在屋檐下或其他避雨处，放于室外的上面要搭遮雨物（图6-15）。

图6-15　篾篓式蜂桶

据王彪等测量，宁夏篾篓竖立式蜂桶内直径为 23～46cm，高 60cm，容积大约为 63000cm³；背篼式蜂桶尺寸较复杂，有的上下较一致，有的是上口大，下口小，高度、大小、形状均有较大差异。根据测算，小的容积大约在 30000cm³，但大多在 56000～88000cm³ 之间。

在无框中蜂饲养实践中，繁殖、越冬直立蜂桶通常优于卧式蜂桶，蜂巢容积多在 56000～75000cm³，与中蜂十框标准箱或郎氏箱加浅继箱的容积相近，略小于郎氏箱加继箱后的容积（中标箱、郎氏箱加浅继箱的容积分别为 67562cm³、65379cm³；郎氏箱加继箱的容积为 84304cm³），有利于培养强群。一些小型蜂桶（蜂窝）的容积大约在 30000～40000cm³。若蜂桶（窝）空间过小，保温性好，发展快，但易产生分蜂热；若空间过大，蜂群发展又过于缓慢。在上述数值范围内，温热地区、蜂群群势较小的地区，可以倾向于采用体积较小的蜂桶（窝）。而在北方和比较寒冷、蜂群群势较大的地区，则应倾向于采用体积较大的蜂桶、蜂窝。方格叠加式蜂桶、中间直插十字木棒的直立式蜂桶，将贮蜜区和育子区分开。

第二节　无框蜂桶养中蜂

一　蜂具及用法

利用直立的蜂桶饲养中蜂，即桶养中蜂。蜂巢的小环境较适宜，符合野生种群的生活特性，疾病减少，简化管理，投入与产出比较合理。

桶养中蜂主要蜂具是蜂桶。将高 60～80cm、直径 35cm 左右的树段镂空制成，制作时勿剥去蜂桶树皮。蜂桶可卧可立，直立蜂桶在中间或稍微靠上一些的位置，用约 3cm 见方的木条成十字形穿过树段，即成蜂桶。方木下方供造脾繁殖，上方供造脾贮存蜂蜜。蜂桶置于石头平面上或底座（木板）上，巢门留在下方，上口用木板或片石覆盖，并用泥土填补缝隙。卧式蜂桶，桶径须达 35cm 以上。

蜂群摆放，一般散放山坡，高低错落有致。地方狭小，也可紧凑，但水平间隔和上下高差都应在 0.5m 以上（图 6-16 和图 6-17）。

图 6-16　直立蜂桶散放山坡

图 6-17　卧式蜂桶摆放山坡

无框桶养中蜂，主要根据多年的实践经验、中蜂生活规律和蜜源环境，通过巢外观察获得蜂群信息，推测蜂群问题，再掀开上箱板观察蜂群长势、采蜜多少（图6-18），或将蜂桶顺巢脾走向倾斜 30°～45°，观察蜂群稀稠、有无王台、造脾与否、子脾新旧等，掌握上述信息以后，再进行下一步管理工作。

三　春季繁殖

（1）缩巢　早春检查蜂群，清除桶底蜡渣，在有蜜粉进巢时，选择吉日（晴暖天气），割去一边或下部巢脾，使蜂团集，等待新脾长出，再割除另外一边旧脾。

图 6-18　检查

无框饲养的蜂群，多数采取割脾的方法，调整蜂脾关系。

（2）喂蜂　早春蜂群饲喂，掀起蜂桶，将盛装糖水的容器置于箱底，上浮秸秆或小木棒，靠近巢脾下缘即可。天气寒冷在下午饲喂，天气温暖在傍晚饲喂。对患病蜂群，每次喂蜂前应将容器及浮木清洗干净。

第六章
无框饲养管理技术

137

每次喂糖水的多少，以午夜前工蜂吃完为准。

> 【提示】 无框窑洞饲养或桶养的中蜂，可将花粉加少量水粉碎成末，置于反转的箱盖中让工蜂自由采集。

四 更新蜂巢

桶养中蜂，每年春季先将蜂桶上部的巢脾割除榨蜜，待蜂群造出新脾贮存蜂蜜或产子后，根据当地蜜源开花泌蜜时间，再割除下部巢脾，让中蜂在下部空间造脾繁殖。割除旧脾，修筑新脾，以不影响繁殖和采蜜为准。

或者结合繁殖，前期将蜂桶上部的巢脾割除，当新脾造成后，再割除下部巢脾。如果蜂群生病，全部割除巢脾，喂蜜（或糖浆）让中蜂重新营造新巢穴。

或者结合蜂蜜生产，先割除上部贮蜜巢脾后，再将蜂桶倒置过来，上部旧脾贮蜜，新造巢脾繁殖。

> ⚠ 【注意】 饲养中蜂，每年利用新脾繁殖、旧脾贮蜜，或者年年全部更新蜂巢，使蜂王产卵在新巢房中，减少蜂群疾病。

五 养王分蜂

（1）**更换蜂王** 在分蜂季节将蜂桶倾斜30°左右，查看巢脾下部是否产生分蜂王台，若需分蜂，就留下1个较好的王台，并预测分蜂时间，等待时机收捕分蜂团；如果不希望分蜂，就除掉王台。

无框饲养的中蜂，须根据当地发生自然分蜂的时间，结合检查蜂巢下部有无王台，预测分蜂时间，及时搜捕，另置饲养（图6-19、图6-20）。

（2）**人工分蜂** 在自然分蜂季节，检查蜂群，将有封盖王台的巢脾割下来一部分，粘贴在木桶上，将蜂箱倒置过来，使巢脾在上。用勺子将原群中的工蜂先舀出两勺，靠拢巢脾，有几十只工蜂上脾后，然后再舀几勺直接倒入蜂桶，迅速盖上盖子（木板），再将蜂桶放在原蜂群的位置，原群搬到一边。新王出房交配产卵后成1个新群。

在大树上预设收蜂笼　　　　摘取笼中分蜂团

笼中蜂　　　　将笼带蜂倒置在蜂桶中

图 6-19　收捕分蜂

图 6-20　待蜜蜂聚集桶顶后，取出收蜂笼，
盖上挡板，用泥封闭缝隙，下留巢门

六　割取蜂蜜

根据蜜源情况和历年积累的经验，从上部观察蜂蜜的多寡，每年割蜜2~3次，每群年产蜜量5~25kg。届时，先用烟雾驱赶蜜蜂，再用特制的弯刀割取蜂巢上部或一边蜂蜜巢脾。如果需要蜜、蜡分离，可将蜜脾置于榨蜜机中挤出蜂蜜，或把蜜脾放在不锈钢锅中加热，使蜡熔化，放出蜂蜜，等待温度降低，蜂蜡凝固，再将蜂蜜过滤保存。

> ⚠️ 【注意】　利用加热方法分离蜂蜜，温度不超过80℃。

上部蜂蜜割取后，将蜂桶倒置，原有子脾在上，随着中蜂羽化出房变成贮蜜巢脾，中蜂在横梁下逐渐造成新的巢房供蜂王产卵育虫。

七　蜂群运输

（1）蜂桶运输　根据蜂桶（箱）大小和形状缝制网兜，用网兜套装蜂桶，收拢网口，借助图钉封闭中蜂出口，尽量将中蜂囚禁在蜂桶中。然后，蜂桶或板箱倒置或立放装车，巢脾朝向前方。倒立的蜂桶，巢脾平面需与地面垂直。

（2）笼蜂运输　如果在早春、晚秋或南方蜂群越夏后，蜂群断子或子少，将中蜂与蜂巢隔离，装笼运输。笼蜂运输，预先准备蜂笼或蜂箱，到达目的地后进行过箱。

第三节　无框板箱养中蜂

无框板箱养中蜂，即无框蜂箱、定地饲养，饲养目标是蜜足蜂稠、健康，选育良种，强群采蜜，而蜂群散放于朝阳山坡（图6-21）。

一　蜂具

（1）蜂箱　由6块木板合围而成，其中1个大面是活动的，作为打开蜂箱检查、管理蜂群使用。蜂箱左右内宽66cm，前后深40cm（如果群势大，则增加到45~48cm），内高33cm。蜂箱用木架或砖石支高40cm左右，箱上部用草苫做成斜坡状，以避雨水和阳光；夏天时期，还用浸水布片置于箱上用来降温。蜂箱活动挡板下沿开有巢门。此外，在夏季，活动挡板左右和上部都有缝隙，工蜂可以进出（图6-22）。

图6-21 散放于朝阳山坡的蜂群　　图6-22 无框蜂箱

（2）击胡蜂板 1截长约70cm的竹子，劈开4瓣（即1/4），其中柄长约40cm、宽2.8cm，丝端长30cm、宽6cm，用竹刀将丝端分35～40根丝，用于击落来袭胡蜂（图6-23）。

图6-23 击胡蜂板

（3）收蜂网，收蜂网顶端采用一个高7寸[○]、下口直径7寸的圆形（即半球形）竹（荆）编笼（壳），并且用泥涂抹竹笼缝隙，下沿缝上塑料纱网，使用前在内壁涂上蜂蜜。

二 饲养方法

（1）检查蜂群 根据经验按季节查看蜂群，打开活动挡板观察，

[○] 寸为非法定计量单位，农村常用，1寸≈3.33cm。

以造脾是否积极、蜂子有无病态判断蜂群繁殖、健康情况。巢脾发白工蜂造新脾是正常现象，巢脾发黄蜂不旺是不正常现象，并判断是病、虫还是蜂王问题，及时处理（图6-24）。

在分蜂季节打开蜂箱侧板，用烟驱赶中蜂，露出巢脾下缘，查看巢脾下部是否产生分蜂王台，如需分蜂，就留下1个较好的王台，并预测分蜂时间，等待时机搜捕分蜂团；如果不希望分蜂，就除掉王台。同时，清扫箱底垃圾。

检查完毕，堵上侧板，恢复原状，做好记录。

（2）蜂群繁殖　繁殖时间是在立春前后，使用泥巴将蜂箱孔洞糊严，减少通风透气，再在箱上用草苫围着，促进其产子，开始时稍微喂些糖水（图6-25），加消炎药（大安1片/笼加1∶1的糖水）。

图6-24　打开活动箱板查看

图6-25　开箱检查、喂蜂
和预防病害

（3）造脾　每年割蜜留下4张脾，作为第二年工蜂造脾发展群势的基础，并在第三年割蜜时割除。以脾是否发黄判断巢脾是否需要更换，割除旧脾，迫使中蜂建造新脾，年年更新。

窖养（墙壁中的蜂群）中蜂，每年春天将蜂巢一边1/2的蜂巢割除榨蜜，留作蜂群造脾的空间，第二年割除另一半。

　　🔴 **【提示】**　中蜂巢脾年年更新，一般不保存，撤换后即时做化蜡处理。

（4）中蜂饲料　割蜜时间多在农历10月初十前后，蜂结团后取糖，保留1个角（蜂巢）够蜂越冬食用，即冬季饲料留4个脾，每脾高6寸、宽6寸，多余的割除，第二年亦是用此脾繁殖。正月检查，如果缺食，就取1块蜜脾放置蜂团下方补食，并让工蜂能接触到。

三　选种分蜂

（1）选育良种　每年从其他蜂场购买群势最大产蜜最高的蜂群2群，以这2群蜂的雄蜂作种，控制本场雄蜂的产生（割雄蜂蛹），引导种用雄蜂与本场处女蜂王交配。

（2）人工分蜂（养王）　用锤子敲击蜂箱一侧，迫使中蜂聚集到另一端，然后割取巢脾，在巢脾中央插入1根竹丝，靠近箱侧或后箱壁的顶端将其吊绑在箱顶上，并从箱外孔隙横向插入2个竹片且穿过巢脾；然后将有封口王台的巢脾带王台割下1小块，固定在横向插入的2个竹片上，与原焊接在箱顶上的巢脾间隔8～10mm，再用V形纸筒将蜂舀入3筒即可；最后搬走原群，新分群（安装王台群）放在原群位置。原群中蜂约10天后即发展起来；安装王台蜂群，新王产卵即成1群。

（3）收捕分蜂　无框板箱养蜂，蜂群一般在4月下旬～5月上旬发生自然分蜂，如果当天发现王台封口，次日王台端部就会变黄，天气正常就要发生分蜂，或在封口第三天分蜂；如果天气不好，中蜂就在天气转晴、温度18℃以上分蜂。在分蜂季节，人就住在蜂场盯住，如果发生中蜂一个紧随一个地从巢门往外涌出，即表明分蜂开始。收蜂时，将网套在分蜂群活动挡板（巢门）一侧，顶端挂在1个立柱上，约2min，分出的中蜂被套在网中，撤回套在蜂箱上的网，稍停30min左右，中蜂便聚集在竹笼内（图6-26）。然后，准备一个蜂箱，在靠近后箱壁或左

图6-26　收捕分蜂

右箱壁的地方，将 1 个小巢脾用铁丝吊在箱顶之上，再将收回的中蜂放入箱中，引进工蜂时，先将纱网反卷，暴露出蜂团，将竹笼倒置于蜂箱中，盖好挡板，工蜂自动上脾造脾，工蜂造脾走向与事先固定的巢脾相同，因此，无框蜂箱的巢脾走向、大小是可以控制的。

四 蜂蜜生产

适合板箱、蜂窑等无框饲养的蜂群。每年 9～10 月割蜜 1 次，或在春天主要蜜源开花泌蜜时，将蜜脾从蜂箱中割下来，然后进行蜜、蜡分离。如果蜂蜜是带巢一起销售的，则是山蜂糖，也叫毛蜂糖。在河南省南召县伏牛山区，每年每箱平均生产山蜂糖约 20kg，高的达到 35kg。

割蜜时，用艾草烟先将工蜂驱赶一边，用刀将蜜脾与桶（箱或窑）壁连接处割裂，清除残余工蜂，然后置于桶中或其他适合容器内，移到住所后再进行处理。

（1）加热分离 将蜜脾置于双层不锈钢水浴锅中，然后加热，加热到 60～70℃，待蜜脾全部熔化后停止加热，冷却至 38～43℃，取出上部蜡块，放出蜂蜜并过滤，最后用大口无害塑料桶贮存。

（2）挤压榨取 把蜜脾置于搅拌器中，将其捣碎，再将其放在榨蜜机（可用榨蜡器代替）内，将蜂蜜挤压出来，并过滤装桶保存。

也可在蜜脾粉碎均匀后装桶保存，直接将蜂蜜和蜡渣混合在一起（即山蜂糖）出售食用。

（3）过滤保存 将原蜜通过 60 目纱网过滤，再流经 80 目绢网，即可装入陶瓷、不锈钢容器或无毒塑料桶内密封盛装，并在 20℃以下环境中保存。

蜂蜡的生产同第四章。

五 蜂病防治

1. 幼虫病

（1）病症 幼虫腐烂，死亡蜂尸苍白无光泽、干枯，贴在房壁上，失去固有形态，但不成袋状，亦无臭味，3～18 日龄幼虫、蛹均有死亡，花子。成年发病：发病工蜂从下垂至箱底成团，即工蜂离开巢脾聚集在下面集结（图6-27），几天之后多数工蜂消失，即成年工蜂死亡，3~5天群势下降70%，但在箱内和蜂场又不见死亡工蜂。蜂巢变化：生病群蜂稀、脾黄，喂糖（药）不吃。生病群粉多房多但量少干燥（与无幼蜂和幼虫消耗有关），糖相对也多，繁殖差。

图6-27 蜂下垂不护子

调查发现该病具有传染性，胡蜂也患此病。推测是成年蜂病引起，也可能是农药或除草剂慢性中毒所致。

（2）防治方法建议 隔离病群或焚毁病群，断子或换王、换箱更新巢脾（蜂群重新建巢）、巴氏消毒。

♪【经验】>>>>

> 蜜蜂离脾由热症引进，建议用伤风感冒胶囊加银翘片喂蜂治疗。双甲脒乳油和杀螨剂一号各2滴，混合加水300mL喷雾蜂箱空隙处防治亦有部分效果。

打开蜂箱，蜂慌不稳，急速爬行聚集是疼症。增效联黄1片半＋小苏打3片＋2片元胡喂1群蜂可治愈。

治好成年蜂病，再行治疗幼虫病。

2. 其他蜂病

使用敌螨熏烟剂防治巢虫；量取过氧乙酸加入小敞口瓶中，上面用纱网封闭防止工蜂跌落其中，下面用泥制作底座防止倾倒，通过熏蒸预防囊状幼虫病；饲喂蜂必康预防疾病。

给蜂群饲喂含人参、山楂、复合维生素糖浆可提高工蜂体质，利用药物糖浆防治幼虫病害。

第四节 湖北神农架养中蜂

湖北神农架林区的中华蜜蜂属于华中型，在海拔高度 400 ~ 2500m 都能饲养。利用圆桶、方形木箱或笼屉式蜂箱，采取自然巢脾、自然王台、单王繁殖、割取上部蜜脾、上下倒置蜂桶更新繁殖巢脾、自然分蜂、定地饲养和强群采蜜的管理措施。

一 蜂箱

蜂箱是该地饲养中蜂最主要的蜂具，选用质地坚实、无异味的木材，以漆树、泡桐树、椿树、紫杉树等，制造成长方形、圆桶形传统蜂箱或笼屉式蜂箱，中间插入十字形木条，作为脾的附着点（图6-28）。禁刷油漆。

颜志立 摄

图6-28 十字架

不用时，新蜂箱须揭开蜂盖，置于室外干净处放置半月，再用艾叶熏至箱内变黄黑后放于干燥通风处。旧蜂箱须内外用毛刷清洗或用刀具清理，除脏物和昆虫，放于干燥通风处。

使用前，利用蒸煮方法进行消毒，即将蜂箱等蜂具置于锅中，密封煮沸 20 ~ 30min，或者采取酒精喷灯火焰灼烧消毒。消毒后自然晾干蜂具。

检查蜂箱内外有无缝隙，对缝隙处用特制泥巴掺干净水进行填补抹平。泥巴材料为：黄泥：草木灰：盐 = 2：1：0.01，然后加水揉成面团状使用；也可采用草木灰和百草浆做黏合剂。

将修补好、干燥后的蜂箱用艾叶烟雾再进行熏蒸。方法是蜂桶置于片石上，将点燃的艾叶置于底部，盖上箱盖，熏蒸 2h 左右，至箱内充满艾叶味道。

二 场地

（1）场地选择 背风向阳、地势高燥、无山洪或径流冲击，蜜蜂飞行方向无遮拦物。

（2）环境质量 空气清新，方圆 6km 内无污染，相对安静，有清洁水源，视野广阔，蜜粉源植物丰富。

（3）蜂群摆放 分散排列，巢门错开。利用斜坡放置的蜂群，以高、低不同的地势错开各箱巢门。蜂箱置于距地面高 25～30cm 的木桩支架上，如果放置横木之上，还要在箱底隔垫片石或砖块，再垫木板，垫木尺寸长出蜂箱 3～5cm（图 6-29 和图 6-30）。在蜂箱盖板上再固定 1 块比蜂箱大 1 倍，与蜂箱上平面成 20°夹角的防雨材料。

图 6-29　神农架中蜂场　　图 6-30　摆放在横木上的蜂群

三 饲养管理

1. 分蜂期管理

5 月中下旬为分蜂时间。蜂群内部产生自然王台，工蜂出勤减少，蜂王产卵量急剧下降，并由蜂王带走部分蜜蜂离开原蜂群。

（1）强群分蜂 神农架林区的越冬蜂群，一般在 4～5 月进行分蜂繁殖。根据生产实践，分蜂季节及时检查蜂群，如果蜂群弱小，通过观察，发现王台封盖，即用消毒处理过的尖锐刀具将幼王刺死，不使其长成，即控制弱群分蜂。如果群势强壮，察看王台情况，记录王台数量、位置，以及封盖、出房时间，一般在封盖 6 天后工蜂清除房盖蜂蜡，王台顶端颜色变深则预示新王将出；新王羽化 2 天前蜂群发生分蜂繁殖，随时收捕，另置饲养，即利用强群分蜂扩大生产。

分蜂一般发生在晴暖天气9：00~12：00，先分出工蜂绕着蜂箱忽高忽低打圈飞翔，待蜂王爬出巢门便一起飞离原蜂巢，10min左右就聚集在附近屋檐下，或攀附在树枝上，2~3h内待寻觅到合适营巢生活的地方，便举群飞去。

（2）收捕分蜂群 近距离诱捕分蜂群的工具有收蜂台和收蜂架。收蜂台是由直立的、高1~1.5m的1根木桩（木桩比蜂箱高1m）上面钉1块30cm的方木板组成（图6-31）；分蜂季节，将收蜂台设置在蜂箱前方20~30m处，并在木板上涂抹一些蜡渣，吸引中蜂前往聚集。

图6-31　收蜂台

收蜂架呈板条形，是用4~5根直径8~10cm的树干或树枝，排列成距地面50~60cm高的条架，分蜂季节，放置在中蜂飞行方向上，距蜂巢30m处，上置旧蜂箱（桶），蜂箱上涂抹蜂蜡，分出的中蜂会直飞箱中。

远距离诱捕分蜂群，即收捕散团飞走的蜂群，场地设置在距离放蜂场地0.8~1.5km、海拔高度相近处，收捕场地与蜂场间无山峰等遮拦和阻隔，最好在同一河谷地带，场地开阔，或山脊较为平坦、多为蜂群聚集空间。诱捕箱成排或分组放置在醒目的山崖下、巨石旁，箱内添加一些蜜蜡残渣引导中蜂投靠（图6-32和图6-33）。

收捕分蜂群进行时，发现蜂群分蜂或有外来蜂群时，可采取清洁水喷雾的方法迫降蜂群。然后准备好蜂箱，摆放到位，再取收蜂笼紧贴分蜂团上方，用蜂刷慢慢地把蜜蜂赶进去，待蜂群完全集中后放入处理好的蜂箱。还可以用V形纸筒将蜂舀入蜂桶。

收捕的单个分蜂群，将蜂桶放置在预设好的位置。多群分蜂，聚集一团，一般发生在蜂场附近，先关闭蜂场其他蜂群巢门数小时，

图 6-32　诱捕箱置于岩石下的收蜂场　图 6-33　成排放置诱捕箱的收蜂场

再依据蜂团大小将中蜂分置于相应蜂桶中，寻找蜂王先行保护，再放入蜂群。

（3）新分群管理　新收蜂群应补喂糖浆，蜂蜜与水比例为 2:1，每天傍晚 250mL，连续奖饲 3 天。在喂蜂时观察食物消耗情况、是否造脾、采集和清除蜡渣，以此判断蜂王是否收回、繁殖是否正常，对无王分蜂群应及时导入一个成熟王台，或予以合并。

2. 日常管理

（1）消毒　蜂帚、工作服等用品经常使用 4% 的碳酸钠水溶液清洗和利用日光曝晒，保持卫生清洁。

（2）观察　每天进行箱外观察，了解蜂群是否采集正常、工蜂颜色新旧、雄蜂数量增减，以及巢虫、蚂蚁等为害情况，如果出现异常，就需从箱底或开箱深入了解子脾、工蜂护脾、蜂王产卵和造脾等情况。

（3）清扫　除冬季外，在正常情况下每隔 5 ~ 7 天（夏季炎热间隔稍长）在晴天中午，倾斜蜂桶暴露箱底（图 6-34），查看蜂情，清扫底板杂物，刮去残留蜡渣、害虫茧衣等，并集中烧毁。

图 6-34　倾斜箱身查看蜂情

（4）**艾叶熏蜂** 从3月中旬蜂群开始繁殖，在晴暖（气温15℃以上）中午清扫蜂桶底板的同时点燃艾叶出烟熏巢1次，每次烟熏3～5min，持续3～4次。秋末、冬季和早春气温低于15℃以下不再艾熏蜂群。

（5）**失王群处理** 采取合并、导入王台或蜂王的措施。

1）直接合并：发现无王蜂群，及时合并。先用香精水（500mL清水加5滴蛋糕用香精）喷洒待并中蜂，喷湿后将无王群蜂桶倒置，一端靠近有王蜂群（有王群开大巢门），另一端利用艾烟驱赶，将蜂逐入有王群中。

2）间接合并：采用报纸合并法。如果蜂箱规格较为一致，首先加固有王蜂桶，然后揭开蜂桶盖板，上放1张钻有许多小孔的报纸，再把无王蜂群的底板揭开，将蜂桶叠放其（报纸）上，四周尽量对齐对严，被合并蜂群盖板不揭开，待工蜂自行咬破报纸上下流通即成功，3天后撤除上面蜂桶、报纸残屑。报纸合并法宜在晴天傍晚进行。

3）导入王台：选择端正、大而未出台的自然王台，将其固定于失王群巢脾之中。

3. 季节性管理

（1）**春季管理** 雨水节气过后，进行奖励饲喂，加强春季繁殖工作。

2月底气温上升到15℃，逐步取掉保暖遮盖物。晴天中午对蜂桶进行快速检查。察看是否失王，箱内饲料及蜂群强弱等情况。

林区中蜂从2月中下旬至5月中下旬，以培育幼虫为主，群体不断长大，直到进入自然分蜂时期。

（2）**夏季管理** 蜂箱放置在通风、凉爽的地方。可在蜂箱上设置遮阳片石、草苫，将蜂箱前端用木板或石片支高1～2cm，便于通风散热。蜂场设置饮水池子，天气干旱炎热需要在其周围洒水降温。

割掉老脾、劣脾，保持蜂多于脾。重点防范胡蜂及巢虫。

（3）**秋季管理** 留足越冬蜜脾，及时补充饲料。经常检查蜂箱外情况，10月开始对蜂箱进行保暖，秋季割蜜后宜用塑料薄膜进行多层包裹或用晒干消毒后的杂草或其他保暖材料进行四周捆扎，只留巢门，既保暖又防鸟（图6-35）。

（4）冬季管理 保持蜂群安静，越冬期非特殊情况不得开箱。

4. 生产期管理

蜂群长大，蜜源丰富，蜜汁装满蜂桶，即可进行蜂蜜生产。蜂蜜生产，1年1次或2次，多则不繁。如果蜂溢箱、蜜满桶，可在原来蜂桶上叠加蜂桶（图6-36），类似活框饲养加继箱，但两桶中间不加隔王板。

图6-35 保温防鸟包装 图6-36 叠加蜂桶

（1）确定取蜜群 蜂箱上部蜜房全部封盖、下部蜂巢有1/3以上造出新脾的即可确定为取蜜群。

（2）选择时间 每年割蜜1~2次，一般选在6~10月蜜源开花集中季节，割蜜作业应在晴天早上或傍晚进行。

（3）准备工具 割蜜工具主要有蜂帽、工作服、手套、熏烟器、启刮刀、割蜜铲、瓷盆、不锈钢容器等，取蜜用具等使用前需蒸煮消毒。

（4）赶蜂割蜜 驱蜂使用熏烟器（利用艾叶作为发烟材料）从上向下驱赶蜂群，待上部工蜂全部转移到蜂桶下部时，用启刮刀慢慢开启盖板，用割蜜铲沿蜂箱内壁四面向下切割使蜜脾与箱板分离，取出带蜜巢脾（图6-37~图3-39）。取蜜深度一般为15~20cm，不宜过多，防止伤害子脾，一定要保留粉房和留足越冬饲料。

蜂蜜的过滤和保存同本章第三节。

图 6-37 驱赶蜜蜂

图 6-38 割取蜂蜜

（5）整理蜂巢 对割蜜区边缘老脾、周边蜜脾残渣彻底清除，然后过箱或倒箱（桶）。

1）换箱：换箱中蜂宜在傍晚取蜜，操作要轻、快、稳、准。

把取完蜜清理过的箱（桶）移出原位，先将处理好的同一规格的新蜂箱（桶）放置原位，打开巢门，

图 6-39 留下蜂粮和子脾

再将老箱口与新箱口对接，上盖板留一条缝进行烟熏，同时轻敲老箱，观察王的动向，老箱已无蜂王，蜂王及大部分工蜂爬进新箱后，拿开老箱，刷出剩余中蜂，迅速盖上盖板，移走老蜂箱至 100m 之外或至室里，关上门窗。2h 后观察蜂群情况。

2）倒箱：换箱 5～7 天后待巢脾完全长好后倒箱。倒箱前揭开上盖板熏蜂观察，再次清理老脾及垃圾，最后将蜂箱轻轻倒过来盖好，用草木灰和百草浆调合成黏合物，封闭箱盖间隙。

（6）蜜脾残渣的利用 少量老巢脾、过滤蜂蜜后的蜡渣要妥善保存，以便用作收蜂诱饵。多余的蜡渣残脾放在干锅内加热熔化，再用纱布或麻袋（可用糖袋等麻皮袋替代）进行过滤，凝固后清除

下部异物，最后用麻袋包装好在常温下保存、待售。

四 敌害防治

坚持"预防为主"，优先采取物理处理、生物防治，严禁使用限制性兽药。

蜡螟（巢虫，俗称绵虫），3月中旬开始活动，每隔10天用艾草或烟叶熏1次，每次烟熏3～5min，持续3～4次。每次看蜂清扫底板，集中焚毁残蜡、杂物。

经常清除箱前杂草、蛛网，防止蜘蛛为害。在蜂桶的四周及蜂桶底板周围撒生石灰或草木灰预防蚂蚁。加强人工捕打，消灭胡蜂。垫高蜂桶，修补裂缝，堵塞漏洞，经常查看，及时驱赶松鼠、青蛙、蟾蜍。

> 【提示】 黑熊经常出没的地方不宜放置蜂群。

第五节 格子蜂箱养中蜂

一 饲养基础

（1）概念 格子蜂箱养蜂，就是将大小适合、方的或圆的箱圈，根据中蜂群势大小、季节、蜜源等上下叠加，调整蜂巢空间，给蜂群创造一个舒适的生活环境，也为方便生产封盖蜂蜜。它是无框养蜂较为先进的方法之一。格子蜂箱养中蜂，管理较为粗放，即可在城市养，也能在山区养，只要场地合适，蜜源丰富，一人能管数百个蜂群。

在同一个地方，格子蜂箱养中蜂的产量比活框的少，比蜂桶的多，但其所产蜂蜜因其原始性和有形性价格较高。

（2）饲养原理 格子蜂箱主要用于饲养中华蜜蜂。自然蜂群，巢脾上部用于贮存蜂蜜，之下为备用蜂粮，中部培养后代工蜂，下部为雄蜂巢房，底部边缘建造皇宫（育王巢房）。另外，中蜂蜂王多在新房产卵，工蜂造脾，蜂群生长，随着巢脾长大中蜂个体数量增加，从这个角度讲，新脾新房是蜂群的生长点，巢脾是蜂群生命的载体。因此，根据中蜂的这些生活习性，设计制作横截面小、高度低、箱圈多的蜂箱，上部生产封盖蜂蜜，下部加箱圈增空间，上、下格子箱圈巢脾相连，达到老脾贮藏蜂蜜、新脾繁殖、少生疾病的目的。另外，夏季在下层箱圈下加一底座，增加蜂巢空间，方便中蜂聚集成团，调节孵卵育虫的温度和湿度。

二 制作蜂箱

（1）格子蜂箱的结构

格子蜂箱是箱圈、箱盖、底座的组合体，主要有圆形和方形2种（图6-40和图6-41），也有根据市场需要制成其他形状的。方形格子蜂箱由4块木板合围而成，有带耳的，有无耳的；圆形格子蜂箱由多块木板拼成，或由中空树段等距离分割形成。底座

图6-40 圆形格子蜂箱

大小与箱圈一致，一侧箱板开巢门供中蜂出入，相对的箱板（即后方）制作成可开闭或可拆卸的大观察门（图6-42）。箱盖或平或凸，达到遮风、避雨、保护蜂巢的目的，兼顾美观、展示；箱盖下蜂巢上还有1个平板副盖，起保温、保湿、阻蜂出入和遮光作用。

图6-41 方形格子蜂箱（引自《养蜂之家》）

制作格子蜂箱的板材来自多个树种，厚度宜在 1.5 ~ 3.5cm 之间。薄板箱圈因其保温不好，故不能作为越冬箱体使用，将它用于生产，所装蜂蜜经过包装可直接销售；厚板箱圈越冬使用保温效果好，夏季使用隔热效果好。

图 6-42　方形格子底座
（引自《养蜂之家》）

（2）格子箱圈的大小　格子蜂箱养中蜂，所依据的是中蜂的生活习性，由于全国中蜂有 9 个地理类型分布在各地，各地环境气候、种群大小、蜜源类型和多寡皆不一样，加上各人习惯和市场需要，所以，全国格子箱圈的大小没有标准（固定尺寸）。一般来讲，箱圈大小，除了适合中蜂的生活习性，还要根据当地中蜂群势、蜜源丰歉、产品属性、饲养目的（如爱好、文娱活动、生产销售）而定。一般直径或边长不超过 25cm、不小于 18cm，高度不超过 12cm、不低于 6cm；箱圈小可高些，箱圈大可低些。综合各地经验，以意蜂郎氏标准巢脾为标准（1 脾中蜂约有 3000 只工蜂），箱圈大小与蜂群、蜜源的关系见表 6-1。

表 6-1　箱圈大小与蜂群、蜜源的关系

群势/脾	箱圈直径或边长/cm	蜂蜜产量/kg	箱圈高度/cm	备注
4 ~ 6	22	<10	8 ~ 10	
		>10	10 ~ 12	
6 ~ 8	24	<10	8 ~ 10	
		>10	10 ~ 12	
8 ~ 10	25	<10	8	
		>10	8 ~ 10	

（3）格子箱圈的制作　方形格子箱圈有有耳和无耳之分。无耳箱圈由 4 块木板装钉而成，木板拼接有榫无钉，箱板薄（1.5cm 以内），其箱圈本身作为销售包装的一部分；有榫铆钉，箱板厚（2 ~

3.5cm），坚固，仅作生产使用。有耳箱圈指相对斜角箱板突出成耳，耳长1.5～2cm，板厚2cm，

圆形格子箱圈由侧边有凹凸槽的小木板拼接而成，外箍铁箍，或由竹条或钢丝将短而细的圆木串接起来，或由中空的树段等距离分割而成。

每套蜂箱配底座1个，平板副盖1个，箱盖1个，4～5格箱圈。

底座前开小门供蜂出入，后开大门，即后箱板可开闭，亦可撤装，供观察和管理之用。

> ◯ 【提示】 箱板以3.5cm最好，夏季隔热好，冬季保温好。

（4）新箱处理 新箱圈有异味，蜂不愿进。清除异味方法如下：

1）水处理：箱圈风干后泡塘水，取出风干，清水冲洗后再风干备用；或者在箱圈内涂蜜蜡，蜜渣煮水泡箱。

2）火处理：利用酒精灯火焰喷烧使箱圈表面炭化。

3）烟处理：将格子箱圈、内盖，左右交叉叠放，支离地面约50cm，点燃木材、艾草熏蒸。

> ◯ 【提示】 新箱在收蜂或过箱使用时，还需要使用稀蜜水加少量食盐喷湿内壁。

三 操作技术

（1）添加格子 繁殖期，打开底座活动侧板（最好留存后边，与巢门相对应），查看蜂巢。如果巢脾即将到达底座圈上，就把原有蜂箱搬离底座，先在底座上部添加1个格子箱圈，再将格子蜂群放回新加格子箱圈之上。

生产期，大泌蜜期在上添加格子箱圈，小泌蜜期在下添加格子箱圈，适时取蜜。

（2）检查蜂群 打开底座活动侧板，点燃艾草绳，稍微喷出烟，蜂向上聚集，暴露脾下缘，从下向上观察巢脾，即能发现有无王台、造脾快慢、卵虫发育等问题，以便采取处置措施。

（3）捕捉蜂王 有向上撵和向下赶2种方法。

1）向上撵：第一，准备1个与蜂巢相同的格子箱圈、1片同大的隔王板，先将被抓蜂王蜂巢搬离原址，另置底座于原箱位，再取蜂巢上盖盖在底座上，收拢回窝中蜂；第二，撤下副盖，并在蜂巢上方添加1层箱圈，其上加隔王板，隔王板上再加2层箱圈，盖上箱盖；第三，轻敲下部箱体，驱蜂往上爬入空格结团，或用烟熏，或用风吹；最后在隔王板下面箱圈中寻找蜂王，并用王笼关闭。

2）向下赶：箱圈下底座上添加箱圈，关闭巢门，再将底座活动箱板（观察侧门）改换纱窗封闭；然后使用风机向下吹蜂离脾，即时在空格和巢箱之间加上隔王板，最后，工蜂上行护脾，在空格箱圈中寻找蜂王。

以上2种方法，找到蜂王后关进王笼中，将蜂巢移到原来位置，再进行下一步的管理措施。

分蜂季节，箱前突然冷冷清清，少有蜜蜂进出。下午倾斜蜂箱（桶），如果巢脾底部王台清晰可见，就在几个王台间寻找，发现老王，抓住关笼。

（4）更换蜂王 分蜂季节，清除王台，在蜂巢下方添加隔王板，将上层贮蜜箱取下置于隔王板下、底座上，诱入王台，新王交配产卵后，如果不分蜂，按正常加箱格管理，抽出隔王板，老蜂王自然淘汰；如果分蜂，待新王交尾产卵后，就把下面箱体搬到预设位置的底座上，新王、老王各自生活。

（5）喂蜂 外界蜜源丰富，无框蜂群繁殖较快，外界粉、蜜稀少，隔天奖励饲喂。越冬前备足封盖蜜，饲喂糖浆须早喂。

蜂蜜或白糖，前者加水20%，后者加水70%，混合均匀，置于容器中，上放秸秆让蜂攀附，最后搁在底座中，边缘与蜂团相接喂蜂。如果容器边缘光滑，就用废脾片裱贴。

喂蜂的量，以当晚午夜时分搬运完毕为准。如果大量饲喂，须全场蜂群同时进行，而且保证周边没有其他蜜蜂光顾。

（6）收蜂　准备好蜂箱，树杈下或屋檐下的分蜂团，找一米袋子，反卷一点口，直接套上去，向中间封口，抖蜂进箱内。或置底座中，反卷一点口，中蜂自己上脾。或者先抓王，关进笼子里，置于箱内，箱内涂蜜糖，纸筒罩蜂进箱，枝叶当扫帚，扫蜂进蜂箱。或者，见到蜂团先喷水，将格子箱圈套上去，中蜂会自动爬进去。

另外，将木制梯形或竹制篓形收蜂笼挂在蜂场附近朝阳树枝上，或者置于向阳、显著的巨石旁，诱引分蜂群投靠。

（7）补蜂　当小群或交尾群子脾封盖后，将强弱两群互换箱位，利用外勤蜂补弱。先准备香水混合液（1L 水 + 香精少许），第一天傍晚喷雾 2 群，第二天早上蜂未出勤前重复 1 次，强群多喷，弱群少喷，工蜂大量出工后互换位置。如果发现有蜂打架，则再喷雾香水。

（8）合并蜂群　打开箱盖，揭去副盖，盖上报纸，多打小孔，再添箱圈，将无王蜂抖入，盖上箱盖，3 天后撤报纸、去箱圈，如果蜂多，从下加箱。

（9）迫蜂造脾　如果蜂巢不满箱，剩下空间不造脾，在蜂群发展到 3 个箱体时，即巢脾高约 30cm，蜜、粉、子圈分明时，就在第三箱圈与底座之间添加 1 块覆布，只挡有脾一侧，无脾一侧空出，中蜂就会将剩余空间做满蜂巢。

（10）防止盗蜂　中蜂养殖最怕起盗，根据实践，群众总结出"中盗中一场空、强盗弱白忙活"的盗蜂危害性。解决方法如下：

1）加阻蜂器。意蜂盗中蜂，加格栅阻蜂器，格栅间隙为 4.0mm。

2）强弱互换箱位。把强群搬到弱群处，弱群搬到强群处，各群添加食用香精（忌用花露水），盗蜂立止。

⚠ **【注意】**　两蜂箱外观、新旧、颜色应相同或相近，蜂王日龄相近。

3）作盗群换箱位。

4）常年保持食物充足。留足蜂蜜饲料是最好的方法；如果蜂蜜饲料不足，饲喂中蜂须傍晚进行，午夜搬完；在没有其他蜂场蜜蜂干扰的情况下，也可以全场同时大量饲喂。

（11）转场 割除最下1格巢脾，上下箱体连接固定，取下侧门，换上纱窗，关闭巢门，即可装车运蜂。

（12）割取蜂蜜 当蜂群长大、箱到5个，向上整体搬动蜂箱，如果重量达到10kg以上，就可撤格割蜜。一般割取最上面的1格。

1）操作技术：先准备好起刮刀、不锈钢丝或钼丝、艾草或（蚊）香火、容器、螺钉旋具、割蜜刀、L形割蜜刀、井字形垫木等。第一步，先取下箱盖斜靠箱后，再用螺丝刀将上下连接箱体螺钉松开（未有连接没有这一步骤）；第二步，用起刮刀的直刃插入副盖与箱沿之间，撬动副盖，使其与格子一边稍有分离；第三步，将不锈钢丝横勒进去，边掀动起刮刀边向内拉动钢丝两头，并水平拉锯式左右和向内用力，割断副盖与蜜、箱沿的连接，取下副盖，反放在巢门前；第四步，点燃艾草或香火，从格子箱上部向下部喷烟，赶蜂下移，或者利用12V吹风机吹蜂下移，快捷、卫生；第五步，将起刮刀插入上层与第二层格子箱圈之间，套上不锈钢丝，用同样的方法，使上层格子与下层格子及其相连的巢脾分离；第六步，搬走上层格子蜜箱，蜂巢上部盖好副盖和箱盖（图6-43）。

图6-43 割蜜——先将蜜脾与箱圈分离，再割蜂蜜

格子箱圈中的蜂蜜可以作为巢蜜，置于井字形木架上，经过边

缘残蜜清理，包装后即出售。或者割下蜜脾、捣碎，经过 80 目或 100 目滤网过滤，形成分离蜂蜜，也可经过水浴加热将蜂蜜与蜂蜡分离，再行过滤；利用榨蜡机，可挤出蜂蜜。蜡渣可做化蜡处理，也可作为引蜂的诱饵，洗下的甜汁用作制醋的原料。

2）高产措施：生产前添加格子箱圈，箱圈中加浅框或巢蜜格、盒造脾；泌蜜期贮蜂蜜，蜜满其下再加新箱活框贮蜜，或者撤出格子蜜箱；花期结束，未封盖蜂蜜箱重返蜂巢上方，继续酿蜜成熟。如果贮蜜箱蜂蜜稠厚，就将蜜箱直接加到最上层；如果蜂蜜稀薄，就将蜜箱加到下边第二层位置，达到奖励饲喂促进中蜂繁殖的作用。

（13）活框过箱

1）裁切巢脾。保留卵房、花粉的新脾，蜂少裁成巴掌大小巢脾 3～4 块，蜂多可大，以蜂包脾形成球状为准。

2）固定巢脾。将切好的巢脾穿插在箱内竹签上固定，并靠箱壁均匀排列（图 6-44）。

3）将蜂王挂在脾边上。

4）引蜂。用 1 张铜版纸（广告纸）卷一个 V 形纸筒，舀蜂堆放脾上，盖上箱盖，剩余蜜蜂抖落地上自行进巢。也可

图 6-44　过箱（引自《养蜂之家》）

将格子箱圈置于活框箱上，所余缝隙用纸板堵住，敲击下面箱体，驱赶蜜蜂往上爬入。

⚠ **【注意】**　如果蜂王丢失，则有工蜂扇风招王活动，及时导入带台小脾。如果蜂不进箱，原因可能是箱味太浓，可涂抹蜜渣消除箱味。

（14）防治巢虫　巢虫是蜡螟的幼虫，钻蛀巢脾，致蛹死亡，防治方法如下：

1）蜂箱合适：箱圈内围尺寸要按当地蜜源、群势具体情况来

定，尺寸适合，宜略小不宜大。

2）更新蜂巢：1年割2~3格蜜，脾新蜂旺，抑制巢虫发生。

3）管理：蜂、格相称，阻虫上脾；及时清除箱底垃圾，消灭箱底卵虫；分蜂原群，蜂少箱多，及时撤离多余箱格，奖励饲喂，驱赶巢虫。

四 蜂群繁殖

1. 春季繁殖

（1）时间 春季立春以后，工蜂采粉，即可进行春季繁殖管理。

（2）清扫 打开侧板，清除箱底蜡渣。

（3）缩巢 从底座上撤下蜂巢，置于井字形木架上，稍用烟熏，露出无糖边脾，用刀割除。然后根据工蜂多少，决定下面箱圈去留，最后将蜂巢回移到底座上。

（4）奖饲 通过侧门，每天或隔天傍晚喂蜂少量蜜水。

（5）加脾 1个月左右，巢脾满箱，从下加第一个箱圈。以后，根据蜂群大小，逐渐从下加箱，扩大蜂巢。

2. 分蜂增殖

格子蜂箱分蜂也有自然与人工2种。分出蜂群，都要饲喂，加强繁殖。

（1）自然分蜂 自然分蜂，蜂王易交尾，蜂群长得快，中蜂造脾快。分蜂季节，检查蜂群，发现雄蜂出游，注意自然王台，王台封盖2天，工蜂啃咬蜡盖，只要天气晴朗，蜂群即可分蜂。

1）预测时间：每年中蜂都有比较固定的分蜂时间，即分蜂季节，如中原地区每年4月下旬~5月上中旬，蜂群经过一个春天的增长，蜂多蜜多，便集中养王闹分家。在闹分蜂期间，打开观察窗口，查看王台有无，估算出王时间。

2）捕捉蜂王：王台封盖后，蜂群出现分蜂迹象，巢门安装多功能笼（可供中蜂自由进出，蜂王能进不能出，意蜂工蜂不能通过）。此后几天，注意观察，当看见大量中蜂涌出巢门，在蜂场飞舞盘旋，即表明分蜂开始。首先找到分蜂群，守在箱侧观察，待蜂出尽、工蜂设防，取下有王多功能王笼。

3）原巢安置：等到分蜂出尽，关闭巢门，打开通气窗口，将格子蜂巢不带底座迁移别处，并置于新的底座上；或者不关巢门，仅将蜂巢移出原来位置。待分蜂处理后，再把老箱放回原址，也可把老箱放其他处，新蜂箱放原址。

⚠️ 【注意】 原箱留1个王台，多余的清除。

4）分蜂处理：首先准备1套新箱，内部绑定有蜜有粉子脾1~2块。

① 引蜂回巢。在原底座上放置新箱，蜂王带笼置于巢门踏板上，吸引分蜂回巢，待多数工蜂进入蜂箱，打开笼门，蜂王随工蜂进巢，分蜂收尽，关闭巢门，注意通风，将分蜂群迁移到合适位置饲养，打开巢门。

② 引蜂入笼。在原址挂收蜂笼，把王带笼挂在收蜂笼中，或将有王笼挂在分蜂工蜂集中处的树枝上，招引分蜂进笼结团，蜂团稳定后，抖蜂入新箱，待中蜂稳定后搬走另养，老箱放原址。

如果无王分出的中蜂已经聚集，就将有王蜂笼挂在收蜂箱中，下沿紧靠蜂团，收回蜂群，再将蜂团抖进蜂箱，或置于底座内，引导中蜂上脾。如果分出的中蜂返巢，就将原来蜂巢搬到别处饲养，原来底座上加上格子箱圈，有王蜂笼再置于巢门，吸引工蜂归巢。如果需要更换蜂王，待回巢工蜂稳定后，安插1块已经安装好成熟王台的蜜、子脾。

⚠️ 【注意】 收蜂务必将老蜂王收回。

格子箱圈收蜂或过箱初期，预留空间要大，等中蜂做脾后再根据蜂数增减箱体数量，在傍晚进行奖励喂养。

(2) 人工分蜂 将格子蜂箱底座侧（后）门，做成随时可撤可装形式，取下侧（后）门，换上纱窗门，改成通风口，关闭通蜂（巢）门，上面加2箱圈，蜂巢置其上，打开上箱盖，风吹蜂至底，及时插入隔王板于巢箱和空格箱圈之间，然后静等工蜂上行护脾。底座和空格箱内剩余少量工蜂和老王，撤走另置，添加有蜜有子有蜂箱圈，2天后撤走格子空箱圈，即成为新群老王。原群下再加底座，静等处女蜂王交配产卵。

1）平均分蜂法：

① 结合割蜜分蜂。先将上层贮蜜格子箱圈取走，再把有子格子蜂巢从中间用线平均分离，上下分开，分别置于底座之上，位于原箱左右，距离相等、相近，以后经过观察，蜂多的一群向外移，蜂少的一群向中间移，尽量做到两群蜂数量相当。如果将其中一群搬走，就多分配一些中蜂，弥补回蜂损失。通过观察，生活秩序井然的为有王群（一般王在下部箱圈），适当奖励糖水；飞出中蜂乱串、巢门有蜂惊慌悲鸣、傍晚聚集巢门的可断定为无王群，应及时导入成熟王台或产卵蜂王，或静等其急造王台自行培育蜂王。

⚠ 【注意】 割蜜时须预防盗蜂，如清净残蜜等。

② 不割蜂蜜分蜂。蜂巢出雄现台便可分蜂。先去掉内外箱盖，上加格子箱圈1个，盖回箱盖。敲击箱体或由下向上喷烟赶蜂上行，蜂王随同。然后使用钢丝或刀片将蜂巢从中间上下分离，上部蜂多食多无台有王，置于新址，上下加底座和箱盖；下部蜂少子多无王有台，不动，外勤蜂回巢养王，盖上箱盖。

➡ 【提示】 操作应在上午进行，如果夜间进行，原群应留适当工蜂，防止蜂少冻蜂、饿蜂。

2）割脾分蜂法：打开箱盖、副盖，上置收蜂笼，先驱赶蜜蜂爬进收蜂笼，找到蜂王，关在王笼，并挂于收蜂笼中，待蜂结团；其次，割下蜜脾，留下封盖子脾、花粉脾和少量的空脾，取下空蜜箱圈；第三，将子脾箱平均分割成2块，或者将子脾按要求裁切，清净边缘，用竹签串起，相间排列，平均分到2个格子箱圈中；第四，原址放1个底座，选1个新址放好底座，然后将等量的带子格子箱分别置于底座上，新址蜂巢带老王，用纸筒舀蜂于内，盖好箱盖；再将收蜂笼内的余蜂抖落于旧址箱内，并盖好箱盖。

分蜂有时也简单，当发现蜂群出王台，在晴天午前，先移开原箱，原址添加1格箱圈，从原群中割取子脾，裁成手掌大小，固定箱圈中后，导入成熟王台，回巢工蜂即可养育出新王。

3）圆桶箱圈人工分蜂：蜂群有王台，将原群搬离，另外放它处；原地放新箱，箱内置王脾，固定好，接回蜂。

● 【提示】 新王产卵，蜂多粉多；无王蜂群，巢门进出三三二二，长时不见带粉蜜蜂。处女群少干扰，不回粉，蜂黑亮，须淘汰。

（3）预防分蜂 中蜂春分群，弱群也起台，若天气反常，点卵就分蜂。预防方法是用泡沫板遮阳，避免阳光直射；二是多加格子箱圈，增大内部空间；三是上下开门供蜂出入。

五 蜂群越冬

根据蜂群大小，保留上部 1～2 个蜜箱，撤除下部箱圈，用编织袋从上套下，包裹蜂体 2～6 层，用小绳捆绑，缩小巢门。

第七章

病敌害的综合防治

第一节　中蜂病敌害概况

饲养中蜂既有活框蜂箱，又有无框蜂巢，前者管理方便，适合现代化养蜂趋势，但会造成对蜂群的频繁干扰，后者管理不便、生产麻烦，但蜂群安静。实践证明，采用活框蜂箱饲养中蜂，如果没有科学技术和合理措施，造成的直接后果就是蜂病多、群势小。

一　中蜂病敌害的种类

中蜂病敌害包括引起中蜂死亡或不适的微生物、环境和天敌等。微生物主要引起中蜂囊状幼虫病；中蜂的天敌主要是胡蜂、蜡螟、蚂蚁和蟾蜍等；环境对中蜂的影响主要有住所影响中蜂的抗病能力，食物左右中蜂的发育好坏，农药对中蜂的毒害，污染使蜂群衰败，高温和低温造成中蜂生长不良与成年中蜂寿命缩短。

二　中蜂病敌害的预防

科学的饲养管理，可以使中蜂个体和群体发育良好，提高中蜂的抗病能力，减少病害的发生。

1. 场地适宜

（1）食物　蜂场周围蜜源丰富，饮水清洁。

（2）蜂、花数量相符　饲养中蜂，多数是定地、在山区，蜂群散放，1个放蜂点以30群左右为宜，蜜源丰富、泌蜜稳定的地方可放蜂100群，使种群密度与蜜源面积相称，避免过度的食物竞争。

(3) 环境 蜂群置于冬暖夏凉、干燥、通风、向阳处，避开风口及机器轰鸣的地方，场地干净卫生；蜂箱摆放左右平衡、前低后高，离地30cm左右。

(4) 保持安静 管理蜂群，多一些箱外观察，除分蜂和发现问题外，不开箱检查，同时减少取蜜次数，尽量少惊扰中蜂。

2. 饲养强群

强群蜂多子旺，繁殖力、生产力和抗病力强。在春繁时，如果蜂群弱小，无力为子脾提供足够的温度或食物（包括蜂乳），则蜂子就将发生冻害或营养不良，进而诱发各种幼虫病。实践证明，在许多病害的预防中，强群有着明显的抗病优势。

饲养强群的关键措施是食物充足、及时换王、更新巢脾和保持蜂多于脾等。

(1) 保持食物充足 强群是生活在饲料优良、充足的环境中的蜂群。当蜂群缺乏饲料时，成年蜂及蜂子便处于饥饿状态，正常的生理机能被破坏，抵抗力减弱，病原就容易侵入体内而引起病害。同时，因营养不良，会导致中蜂早衰，群势下降。对蜂儿来说，没有足够的食物，要么死亡，要么羽化后不健康、寿命短。因此，在缺蜜时期，应补喂糖浆；在缺粉季节，补喂花粉脾；在生产蜂蜜时，必须保留1～2张封盖蜜脾供中蜂食用。

饲料品质的优劣直接影响着蜂群的健康。受病原体污染的饲料是许多传染病传播的媒介，例如，中蜂的腹胀和下痢就是由于食用了被病原体污染的饲料所引起。因此在饲喂前，对来源不明的花粉应做消毒处理，喂糖比喂蜜经济，且不易引起盗蜂和病害。变质的或营养不全的饲料，也会影响蜂群的安全。

(2) 坚持蜂多于脾 繁殖蜂群时，培养幼虫的数量应与蜂群的哺育、保持蜂巢温湿度能力相一致，常年保持蜂多于脾（蜂不露脾）的蜂脾关系，是使中蜂营养充分和获得合适温度的必要条件。

(3) 积极更新巢脾 蜂群在巢房中贮存蜂粮、产卵育幼，从某种意义上说巢脾是蜂群生命的一部分，巢脾的优劣标示着蜂群的质量，造脾快慢彰显了蜂群生命力是否旺盛。因此，每年割除蜜脾，让蜂群造新脾繁殖，将前1年的繁殖脾用作蜂群贮蜜脾，可减少病害的发生。

（4）抗病育种　蜂王是蜂群种性的载体，1个好的蜂王应该是产卵力和抗病力都强的蜂王，平时注意选育抗病、高产蜂种，管好蜂王。

> **【提示】**　年年更换蜂王是防治囊状幼虫病的方法之一，还是维持蜂群强盛的需要。

（5）减少取蜜次数，生产成熟蜂蜜　无论活框饲养还是无框蜂巢，都要根据蜜源、蜂群情况，结合管理措施，每年取蜜1~2次，其他时间，增加继箱扩大蜂巢，解决繁殖、贮蜜的矛盾，即以不影响繁殖、健康为准。

3. 防止蔓延

对于少数得病群及时焚毁，对疫区环境及时消毒，防止病害蔓延。

多数未染病蜂群，给以人参、复合维生素、山楂等糖浆，增强中蜂体质，预防感染。

第二节　中蜂病害的防治

一　中蜂囊状幼虫病的防治

（1）病原　引起囊状幼虫病的病原是蜜蜂囊状幼虫病毒（Sac Brood Virus，SBV），主要引起蜜蜂大幼虫或蛹死亡，具有传染性。

（2）症状　患病初期，染病幼虫不断被清除，蜂王随即产卵，形成卵、虫、蛹和空房相间的"花子"现象；之后，未能移出的染病幼虫，躯体由白色晶亮逐渐变黄、黄褐、褐色，直至黑色；伴随着颜色变化，躯体变软失去原有形态，大量液体聚积在躯体与未蜕掉的表皮之间，用镊子夹住表皮拉出时呈囊袋状。巢房不能封盖或封盖下陷并被啃破，形成穿孔，露出"尖头"，随着水分蒸发，虫尸干枯形成褐色鳞片贴在房壁，头、尾部略上翘，状如"龙舟"

（图7-1）。幼虫一般在6~7日龄时开始大量死亡，约有2/3死于封盖后。死亡幼虫腐烂，无黏性，无臭味，易清除。

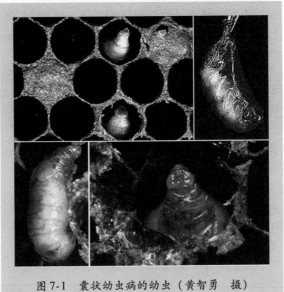

图7-1　囊状幼虫病的幼虫（黄智勇　摄）

成年中蜂被病毒感染后，消化道中有大量的病毒粒子，损伤中肠细胞，使其寿命缩短，但外观不表现症状。

（3）发生规律　发病高峰期处于当年10月至第二年5月。在蜂群处于繁殖期，温度低（小于20℃）、昼夜温差大或天气忽冷忽热，尤其是早春低温寒流之后的条件下，多发此病，并以弱群和缺少食物的蜂群严重，常同时发生欧洲幼虫腐臭病。经常受到干扰的中蜂易患此病，箱养的中蜂比桶养的中蜂得此病多。笔者调查发现，自1996年以来，位于河南省的太行山区，中蜂囊状幼虫病2~3年就暴发1次。

（4）预防

1）抗病育种。选抗病群（如无病群）作为父、母群，经过连续选育培养蜂王，可以获得抗囊状幼虫病的蜂群。

2）加强管理。补足饲料，保持蜂多于脾；将蜂群置于环境干燥、通风、向阳和僻静处饲养，少惊扰可减少蜂群得病。及时用石灰水浸泡蜂具和对场地喷洒消毒，有利于病群康复和控制病害蔓延。

3）更换蜂王。早养王，早换王。

4）重新造脾，更新蜂巢。

（5）治疗　蜂群发病之后，首先撤出（或割除）巢脾，更换蜂箱（并作消毒处理），迫使蜂群重新建巢，然后喂药，补充营养糖浆。

⚠️ **【注意】**　要预防盗蜂和收捕飞逃蜂群。

1）中药。半枝莲50g或华千金藤（海南金不换根，河南叫牛舌头蒿）10g，经过文火煎熬榨汁，配成浓糖浆饲喂1群中蜂（10框），饲喂量以当天夜晚0：00以前吃完为度，连续多次，用药量1群蜂同1个人的用量。

将含药糖浆置于盒中，如果天气好在傍晚喂蜂，天气不好在下午喂蜂，隔2天1次，连喂4次。全场蜂群都喂，弱群先喂糖浆1次，然后再喂药糖浆。另外，每次喂药前清洗食具。

2）西药。13%的盐酸金刚烷胺粉2g（或片0.2g），加25%的糖水1000mL喷脾，每2天喷1次，连用5～7次。

此外，有人试验，将幼蜂正在出房的意蜂子脾调给中蜂，有利于遏制病情发展。

二　欧洲幼虫腐臭病的防治

（1）病原　欧洲幼虫腐臭病（European Foul Brood，EFB）是由蜂房球菌等引起蜜蜂幼虫病害的一种细菌性传染病。以2～4日龄幼虫发病死亡率最高，子脾出现"花子"现象，群势衰弱。该病世界各国都有发生，中蜂感染更为严重。

（2）症状　小于2日龄的幼虫生病，4～5日龄死亡。得病后，子脾出现"花子"现象，小幼虫移位、扭曲或腐烂于巢房底，体色由珍珠白色逐渐变成黑褐色（图7-2）。当工蜂不及时清理时，幼虫腐烂，并有酸臭味，稍具黏性，但拉不成丝，易清除。

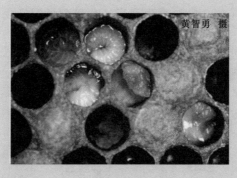

黄智勇 摄

图 7-2 欧洲幼虫腐臭病

（3）发生规律 蜂群生病多在 3 月初~4 月中旬和 8 月下旬~10 月初，与春、秋繁殖季节相吻合，小群重，大群轻，在主要蜜源开花期常"痊愈"，开花期后又发生。该病主要是由营养不良等引起的并发症。

（4）预防 选育抗病蜂种；在蜜源丰富的地方放蜂，保持食物充足；加强管理，饲养强群，根据蜂群大小进行生产和繁殖；平时注意卫生，每年对蜂具进行严格消毒、更新巢脾；更换蜂王，焚毁被污染的巢脾，迫使蜂群重新建巢。

出现生病蜂群、病害尚未大暴发时，首先焚烧生病蜂群；或者及时隔离病群，全部换箱换脾，巢脾（包含子脾）全部焚毁，蜂箱、蜂具、盖布、纱盖、巢框可用火焰或碱水煮沸消毒。

（5）治疗 蜂群用红霉素、土霉素或青链霉素治疗。

1）红霉素喂蜂。每 500g 50% 的糖浆加入红霉素 0.1g，用来饲喂蜂群。每脾蜂喂 25 ~ 50g，每隔 1 天喂 1 次，1 个疗程喂药 4 次。

2）土霉素喂蜂。每 10 框蜂用药 0.125g，先将药物溶于少量糖浆，再加花粉饲料，制成花粉饼，置于框梁上，供 2 天食用，7 天喂1 次，2 次为 1 个疗程，根据病情，酌情进行第二疗程。

3）青链霉素喂蜂。80 万单位防治 1 群，加入 20% 的糖水中喷脾，隔 3 天喷 1 次，连治 2 次。

⚠️ **【注意】** 上述药物要随配随用，防止失效。在蜂群繁殖季节使用抗生素防治，在进入生产期前 45 天时就应停药，防止药物残留污染蜂蜜等产品；在蜂群生产期使用抗生素或未按休药期规定用药的，其产品不得作为商品出售和备用饲料。

第三节　中蜂天敌的控制

一　蜡螟的防治

1. 种类和形态

（1）种类　蜡螟属鳞翅目昆虫，在我国危害中蜂的主要是大蜡螟，小蜡螟潜伏箱底生活，为蜂群的卫生害虫。

（2）形态　蜡螟为全变态昆虫，有卵、幼虫、蛹和成虫 4 个发育阶段。

1）大蜡螟：老熟幼虫长 18 ~ 23mm，为浅黄色或灰褐（图 7-3）。成虫雌蛾体长 18 ~ 20mm，翅展 30 ~ 35mm；头及胸背面为褐黄色，前翅略呈正方形，翅灰白色不匀，翅周有长毛。雄蛾体小，前翅端部有一呈 Y 形的凹陷。

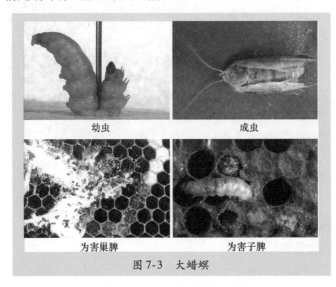

幼虫　　　　　成虫

为害巢脾　　　　　为害子脾

图 7-3　大蜡螟

2）小蜡螟：幼虫体呈黄白色，成熟幼虫体长 12～16mm。成虫雌蛾体长 10～13mm，翅展 21～25mm，除头顶部为橙黄色外，全身为紫灰色，翅为紫灰色，周缘有长毛。雄蛾体较小，其前翅基部靠前缘处有一长 3mm 左右的菱形翅痣。

2. 发生规律

（1）越冬　在河南省，无论是大蜡螟还是小蜡螟，在蜂群中的巢脾上都以幼虫和卵 2 个虫态越冬，而且在 12～38℃均能生长发育良好。

（2）活动　蜡螟成虫昼伏夜出，雌蛾常在 1mm 以下的缝隙或箱底的蜡屑中产卵。

（3）世代　蜡螟 1 年发生 3～5 代，蜡螟完成 1 个世代需 2 个月或更长时间。在纯蜂蜡制品上，则不能完成生活史。

（4）为害　以幼虫为害蜂群和巢脾，钻蛀隧道，取食蜂巢内除蜂蜜以外的所有蜂产品，嗜好黑色巢脾。其结果是造成成行的"白头蛹"，严重者迫使蜂群飞逃（图7-4），或使被害的巢脾失去使用价值。

3. 防治方法

（1）预防为主　造新脾，换老脾，年年更新繁殖巢脾，旧脾及时化蜡。另外，蜂箱要严密，不留缝隙。

（2）加强管理　饲养强群，保持蜂多于脾、蜂不露脾。蜂箱前低后高，讲究卫生，勤扫箱底。置

图 7-4　蜂群逃跑遗弃的蜂巢

换出来的巢脾和割蜜产生的残渣及时榨蜡。

另外，在蜂箱上沿框槽处安装巢虫阻隔器，亦有较好的效果。

二　胡蜂的防治

1. 种类和形态

（1）种类　胡蜂属膜翅目昆虫，为害中蜂的主要是胡蜂属的种

类，群居，繁殖季节由蜂王（多个）、工蜂和雄蜂组成，筑巢于树干或窑洞中。蜂巢外被虎斑纹的外壳包裹，蜂巢内数层巢脾，巢脾为单面，房口向下，巢房呈六角形，房底较平。

（2）形态 胡蜂为全变态昆虫，有卵、幼虫、蛹和成虫4个发育阶段。成虫体色鲜艳，胸与腹有相连的丝状细腰（图7-5）。

图 7-5 胡蜂巢穴和胡蜂

2. 发生规律

（1）越冬 当年最后1代雌蜂（王）交配后抛弃巢穴，寻找温暖的屋檐下、墙缝内和树洞中等处聚集越冬。

（2）活动 第二年春天，蜂王独自营巢、产卵、捕食和哺育，工蜂羽化后，则由其承担除产卵以外的所有工作。雄蜂是由蜂王产的未受精卵发育而来的，在交配季节，其数量与雌蜂数量相当，雄蜂与雌蜂交配后不久便死亡。工蜂和雄蜂在越冬期间消失。

（3）世代 因种类及气候的差异，各地的胡蜂世代数不同，一般4~6代。

（4）为害 胡蜂是杂食性昆虫，在夏、秋季节捕食中蜂。

3. 防治方法

（1）管好巢门 降低巢门高度至7mm以下、增加巢门宽度，阻止胡蜂进巢。

（2）人工扑打 当发现有胡蜂为害时，用丝状竹片击毙胡蜂。已知胡蜂巢穴时，可在夜间用蘸有敌敌畏等农药的布条或棉花塞入巢穴，杀死胡蜂。

（3）农药毒杀 15%的糖水和砷酸盐混合，调成乳状，置于盘碟，引诱胡蜂取食，将其毒死。

（4）黏结胡蜂纸 类似黏蝇纸，置于箱盖上，黏结扑来的胡蜂。

（5）诱杀胡蜂器 胡蜂诱捕器由桶体、单向进蜂道、蜜蜂逃生孔、液体容器和其上的格栅阻隔片（阻止进入的昆虫接触液体诱饵）组成，大小为200mm×150mm。装置悬挂于蜂箱周边，液体容器盛装食醋、糖水等诱食剂，引诱胡蜂通过单向进蜂通道进入贮蜂桶内，因格栅阻隔片间隙小，闯入者无法取食，最后中蜂会从逃生孔顺利飞出诱捕器，而胡蜂困死于器内。根据情况，及时清除死亡胡蜂。

替代品——饮料瓶（如营养快线瓶），在其中间穿插十字形木条（棍），周开直径0.5~0.7cm的圆孔，内容1/3糖水，含量为30%左右，或者加入1/4的酒、醋混合物，最后将其挂在蜂场，招引胡蜂进入采食并溺毙，误入的中蜂可从周开小孔中逃离。

三 其他天敌的防治

1. 蚂蚁的防治

（1）种类和形态 蚂蚁属膜翅目的社会性昆虫，在我国为害中蜂的有大黑蚁和棕色黄家蚁。

蚂蚁一生经历卵、幼虫、蛹和成虫4个阶段。成虫有些种有翅，有的无，多呈黄色、褐色、黑色或橘红色，分雌蚁、雄蚁、工蚁和兵蚁4种，胸腹间有明显的细腰节，雌蚁和雄蚁有翅2对。

（2）发生规律 蚂蚁常在地下洞穴、石缝等地方营巢，食性杂，有贮食习性。喜食带甜味或腥味的食物。有翅的雌、雄蚁在夏季飞出交配，交配后雄蚁死亡，雌蚁脱翅，寻找营巢场所，产卵育蚁。1个蚁群工蚁可达十几万只。

蚂蚁个体小，数量多，捕食能力强。它们在蜂巢内外寻找食物，啃噬蜂箱，有的还在蜂箱内或副盖上建造蚁穴永久居住。

（3）防治方法 蜂箱不放在枯草上，清除蜂场周围的烂木和杂草。

将蜂箱置于木桩上，在木桩周围涂上凡士林、沥青等黏性物，可防止蚂蚁上蜂箱。若将蜂箱置于箱架上，把箱架的四脚立于盛水的容器中，可阻止蚂蚁上箱。

2. 蟾蜍的防治

（1）种类和形态 蟾蜍俗称癞蛤蟆，属两栖纲蟾蜍科动物，是中蜂夏季的主要敌害之一，主要有中华大蟾蜍、黑眶蟾蜍、华西大蟾蜍和花背蟾蜍等。另外，还有一些青蛙也为害中蜂。

蟾蜍一般呈黄棕色或浅绿色，间有花斑，形态丑陋。身体宽短，皮肤粗糙，被有大小不等的疣，眼后有隆起的耳腺，能分泌毒液。腹面呈乳白色或乳黄色。四肢几乎等长，趾间有蹼，擅长跳跃行动。

（2）发生规律 蟾蜍多在陆地较干旱的地区生活，白天隐藏于石下、草丛和箱底下，黄昏时爬出觅食，捕食包括中蜂在内的各种昆虫和蠕虫。在天热的夜晚，蟾蜍会待在巢门口捕食中蜂，一个晚上能吃掉100只以上的中蜂。

（3）防治方法 铲除蜂场周围的杂草，垫高蜂箱，使蟾蜍无法接近巢门捕捉中蜂。黄昏或傍晚到箱前查看，尤其是阴雨天气，用捕虫网逮住蟾蜍，放生野外。

3. 蜘蛛的防治

（1）形态与习性 蜘蛛有4对长足，1个大而圆的腹部，体色有土黄色、黄色带条纹、褐色等。腹部末尾有凸起的纺绩器，分成6个小突器，可排出胶状物质织网。

蜘蛛性情凶猛，多数栖息在农田、果园、森林和庭院，直接攻击猎物，或结网捕食昆虫为生。

（2）发生规律 蜘蛛分布广泛。一方面，它潜伏花上守株待兔，等中蜂落下，便猛攻（以其喷射出的毒液使中蜂立即麻痹）捕食（图7-6）。另一方面，蜘

图7-6　蜘蛛捕食蜜蜂

蛛还结网捕获中蜂，从而获得食物，尤其是荆条花期，老荆多的地方，蛛网密布，是蜂群在荆条花期群势下降或不能提高的主要

原因之一。

（3）防治方法　在蜂场附近发现蛛网，及时清除。在嫩荆多老荆少的地方放蜂。

4. 天蛾的防治

（1）种类和形态　天蛾属于鳞翅目、天蛾科。主要有芝麻鬼脸天蛾、鬼脸天蛾和骷髅头蛾侵袭蜂群。

骷髅天蛾是根据其胸部背面形状类似于骷髅而得名。成虫体大粗壮，前翅狭长，后翅较小，翅展100～125mm，体长50mm，宽15mm；复眼明显，无单眼；胸背部有2个眼点，近似"骷髅"头的图案；腹背部正中为灰蓝色，两边为土黄色，各节后缘有黑带，腹面为黄色。前翅为黑色、具有白色斑点，间杂黄褐色鳞片，并呈现天蛾绒光彩，前翅中室具有一灰白暗点，室外有浓黑曲折横线；后翅为杏黄色，中部、基部及外缘具有较宽横带3条（图7-7）。幼虫肥大，体表光滑，多生颗粒。

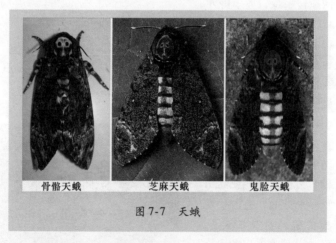

骨骼天蛾　　芝麻天蛾　　鬼脸天蛾

图7-7　天蛾

（2）发生规律　骷髅天蛾常见于欧洲和非洲，芝麻鬼脸天蛾主要分布于北京、河北、河南、山东、江苏、广东、广西、台湾、福建、四川、云南等省，鬼脸天蛾分布于南方各省。

天蛾成虫夜间钻入蜂箱盗食蜂蜜，并发出扑打声，影响中蜂巢内正常活动，严重时致使蜂群飞逃；部分工蜂在围困毙杀天蛾时会因窒息伤亡。另外，死亡天蛾堵塞巢门。

1年发生1~2代，以蛹越冬，每年5月越冬蛹羽化，6月产卵，8月新蛹羽化。雌蛾将卵散于寄主叶背主脉附近，幼虫孵化后夜间活动。

天蛾幼虫一般吃叶，成虫吸食花蜜、蜂蜜，6~8月骚扰蜂群。成虫趋光性强，多数种类夜间活动，成虫能发微声，幼虫能以上颚摩擦作声。

（3）防治方法　预防方法是降低巢门高度；利用灯光诱杀成蛾或人工扑打。另外，及时从蜂巢中取出死蛾。

5. 鹿角花金龟的防治

（1）种类和形态　鹿角花金龟属于鞘翅目金龟子总科的花金龟科，为完全变态昆虫（图7-8）。最大的特点是雄虫头部具有2根鹿角状的觭角，也因酷似鹿角而得名，雌虫无此构造。其颜色有绿色、紫铜色、黑色等，最常见的是宽带鹿角花金龟。

图7-8　鹿角花金龟

（2）发生规律　它们食性杂，主要以苹果、桃子、梨、山楂等为食，分布在我国的云南、四川、湖南、湖北、河南、河北、陕西、台湾等省以及朝鲜、越南、印度、锡金、缅甸、尼泊尔等国，它们性情好斗，与骷髅天蛾一样偷窃蜂蜜。

中蜂遭到鹿角花金龟的危害，蜂群前面鹿角花金龟普遍死亡成堆（图7-9），群势弱者鹿角花金龟死亡在箱内干枯、发霉，有些腐烂。有些巢虫利用破碎鹿角花金龟尸体和蜡屑加重危害。工蜂围困鹿角花金龟，使其窒息而死，每困死1只鹿角花金龟，工蜂就要死亡50只左右。鹿角花金龟攻入巢中紧贴巢房吸食蜂蜜，破坏巢脾，造成蜜脾凸凹不平（图7-10）。

图7-9　被困致死的鹿角花金龟　　图7-10　鹿角花金龟为害蜜脾状

（3）防治方法　降低巢门高度，阻挡鹿角花金龟进巢。

6. 三斑赛蜂麻蝇的防治

三斑赛蜂麻蝇又称为蜂麻蝇、肉蝇；属于双翅目、麻蝇科、赤蜂麻蝇亚科。

（1）种类和形态　欧洲和亚洲均有分布；在我国分布于内蒙古、新疆、湖北、东北局部地区、四川、重庆、河南等地。

成虫为银灰色，体长6～9mm；幼虫大小为（0.7～0.8）mm×0.17mm，在工蜂体内发育成熟后体长（11～15）mm×3mm（图7-11）。

（2）发生规律　主要在夏季为害青壮年蜂，幼虫寄生于工蜂胸腔内，以血淋巴、肌肉为食。受害蜂表现乏力，飞行缓慢，最后只能爬行、痉挛、颤抖、仰卧而死。7～8月发生严重，蜂群感染率可达24%～44%。

图7-11　三斑赛蜂麻蝇幼虫

雌蝇扑向飞行的中蜂，将幼虫产在工蜂身体上，幼虫钻入工蜂体内，吸食淋巴和肌肉；最后幼虫离开蜂尸在土壤中化蛹，7～16天羽化。

（3）**防治方法**　在巢门附近抓取体色苍白、飞翔无力的中蜂，打开胸腔查看，发现肉红色蠕虫即可判定为三斑赛蜂麻蝇幼虫。

在蜂箱盖上放置盛水的白瓷盘，引诱成虫溺水死亡；及时清除病蜂和死蜂，集中烧毁。

7. 啄木鸟的防治

啄木鸟属鴷形目、啄木鸟科、啄木鸟亚科，别名森林卫士。

除大洋洲和南极洲外，几乎遍布全世界，主要栖息于南美洲和东南亚；在我国各地均有分布，其中白腹黑啄木鸟是国家二级保护动物。

（1）**种类和形态**　不同种类的啄木鸟体长差异较大，嘴长且硬直如凿，舌长能伸缩取食，先端有列生短钩；脚稍短具 4 趾，2 前 2 后；尾呈平尾或楔状，尾羽多数为 12 枚。我国常见的黑枕绿啄木鸟，体长约 30cm，为绿色，雄鸟头有红斑。

啄木鸟有 180～200 种，多数定居 1 个地区，少数具有迁徙习性。

（2）**发生规律**　多数啄木鸟终生在树林中度过，在树干上螺旋式地攀缘搜寻昆虫；少数种类在地上觅食，但能栖息在横枝上。夏季常栖于山林间，冬季多迁至平原近山的树丛中；春、夏 2 季多吃昆虫，秋、冬 2 季兼吃植物。在树洞里营巢，卵为白色。春天来临雄鸟嘶叫，其他季节安静无声。利用长嘴剥皮食虫。啄木鸟飞到蜂场，用尖利的嘴啄蜂箱板，啄破后再继续破坏邻近的蜂箱；它用长而坚硬的嘴乱啄巢脾，在其中寻找食物，将巢脾毁坏，最终导致巢破蜂亡，尤其对越冬蜂群具有严重的危害性。

（3）**防治方法**　冬季蜂群排泄前后要加紧防范；蜂箱摆放不要过于暴露，不易过高；采用坚硬木料钉制蜂箱。在湖北神农架、河南济源的中蜂桶利用纸板、编织袋包裹，起到很好的防护作用（图 7-12）。

湖北神农架秋冬防鸟　　　河南济源春季防鸟

图 7-12　防鸟

第四节　其他疾病的防治

遭受营养不良和不良刺激，都会引起中蜂生理障碍，从而表现出个体异常或死亡。

一　营养性疾病的防治

1. 病因与症状

（1）病因　早春繁殖时缺粉、缺水和缺蜜，平日蜂群饥饿，蜂群中子多蜂少哺育力（缺少乳汁）不足和不良饲料等都会引起该病。巢温过高、过低或天气干旱，会造成中蜂各虫期生理代谢紊乱，以及造成蜂离脾而哺育力相对不足。

（2）症状　幼虫营养不良，其形干瘦无光泽（图 7-13），严重者死亡并被工蜂拖弃，虽然有些能羽化出房，但是体质差、身体小和寿命短，并伴随卷翅等畸形。成年蜂营养不良会早衰、幼蜂爬死和消化不良等。由于营养不良、劳役过重，患病蜂群常并发孢子虫病和病毒病而大批死亡。

2. 预防和防治

把蜂群及时运到蜜源丰富的地方放养，或补充饲料，在生产蜂蜜时要保留 2 个封盖蜜脾供蜂食用，在中蜂活动季节，要根据蜂数和饲料等具体情况来繁殖蜂群，保持蜂多于脾，并维护巢温的稳定，夏季注意对蜂群遮蔽，补充水分。

植物泌蜜结束撤出多余巢脾，保持蜂多于脾，适当补充营养糖浆。

➡ **【提示】**　给饥饿蜂群喂糖，需要少量多次，忌暴饮暴食。

图 7-13　幼虫营养比较

增加营养。蜂群一旦得病，喂糖浆时适当加入一些复合维生素、山楂、人参、蜂王浆等营养品，有助于恢复健康。

二　生理性疾病的防治

诸如管理方法不当和天气骤变，均可刺激中蜂产生不良反应。

1. 病因与症状

由于温度骤变、巢穴温度过低、饲喂不当、烈日曝晒、震动、寒风吹拂、开箱检查、运输蜂群、取蜜作业等原因，都会刺激蜂群产生不适反应，如中蜂体色异常、蜂儿变形等。

2. 预防和防治

（1）预防措施　早春应当依据中蜂自然繁殖时间，不过早管理，低温繁殖需要工蜂密集，待新蜂出房再少量饲喂；预防蜂螨采取喷水驯服中蜂，少用喷烟；干旱季节为巢穴补充水分，运输蜂群应夜晚进行，尽量缩短行程和时间，运输前适当控制繁殖；制造合适的蜂箱和选择优良的放蜂场地，为中蜂创造良好的生活环境，减少干扰蜂群的次数、时间和范围。喂糖要适量，保温处置应简易，巢脾常更新，保持巢穴湿度。

（2）防治方法

1）弃子：由于刺激反应，出现蜂子、工蜂异常，可关王断子、更换蜂王或给蜂群导入王台，割除子脾，保持蜂多于脾，重新繁殖。

2）调子：将生病蜂群的子脾割除，从健康蜂群调进正在出房或即将出房的子脾，保持蜂巢内蜂多于脾。蜂病控制后，再伺机换王。

另外，抽出子脾喷水至蜂体（脾）湿润，每天1次，温度高时每天2～3次，连续3天，对发病较轻蜂群有效。

3）药物治疗：首先割除子脾。元胡20g，粉碎，加入食醋浸泡12h，然后加水煎熬5～10min，榨取汤药，重复3次，4次汤药合并。每天取1/5，加入扑尔敏1片，治疗1群，傍晚提出巢脾，喷雾中蜂至湿润，连续用药5次。

（3）注意事项 对蜂群适当喷水，有助于巢穴增加湿度。蜂群因刺激出现不良反应时，喂糖应小心，过度采酿食物会加重病情。而及时转移场地，到环境、蜜源好的地方，对因热、闷受伤害的蜂群恢复元气更有利。

三 环境性疾病的防治

中蜂环境病一是由环境因素造成的，二是由管理、气候等因素引起的，使中蜂出现病态或死亡。

1. 病因与症状

（1）病因 在工业区（如化工厂、水泥厂、电厂、铝厂、砖瓦厂和药厂等）附近，烟囱排出的气体中，有些含有氧化铝、二氧化硫、氟化物、砷化物、臭氧、臭氟等有害物质，随着空气（风）飘散并沉积下来。这些有害物质，一方面直接毒害中蜂，使中蜂死亡或寿命缩短，另一方面它沉积在花上，被工蜂采集后影响工蜂健康和幼虫的生长发育，还对植物的生长和蜂产品质量形成威胁。受这些毒物的危害，成年工蜂表现出体质衰弱，寿命缩短，采集、哺育和抗逆力下降；幼蜂发育不良，甚至死亡，从而造成群势下降，严重者全群覆没，而且无药可治（图7-14和图7-15）。

工厂除排出有害气体外，还排出污水，与城市生活污水一起时刻威胁着蜜蜂的安全。污水造成的毒害，是近些年来"爬蜂病"发病的原因之一。

【提示】 毒气中毒以工业区附近及其排烟的顺（下）风向受害最重，污水中毒以城市周边或城中为甚。

图 7-14　环境毒害 1

2008 年 8 月，距离郑州万象农化公司 200m 远的一个蜂场，
专家正在检查中蜂慢性中毒死亡情况

图 7-15　环境毒害 2

2008 年 8 月，距离郑州万象农化公司 200m 远的一个蜂场，
受毒气影响，剩余中蜂聚集在副盖下，打开副盖，
中蜂急速跳出蜂箱，在地上快速爬行

　　另外，除草剂、家禽牲畜含抗生素粪便、抗虫蜜源植物也会对蜜蜂造成危害。

　　（2）症状　环境毒害，造成蜂巢内有卵无虫、爬蜂，工蜂疲惫不堪，群势下降，用药无效。雨水多的年份轻，干旱年份重，并受季风的影响，在污染源的下风向受害重，甚至数十千米的地方也难逃其害。只要污染源存在，就会一直对该范围内的中蜂造成毒害。

2. 预防和防治

一旦发现中蜂因有害气体而中毒，首先清除巢内饲料后喂给糖水，然后转移蜂场。

如果是污水中毒，应及时在箱内喂水或巢门喂水，在落场时，做好中蜂饮水工作。

由环境污染对中蜂造成毒害有时是隐性的，且是不可救药的。因此，选择具有优良环境的场地放蜂，是避免环境毒害的唯一好办法，同时也是生产无公害蜂产品的首要措施。

—第八章——
做好销售提高效益

做好蜂蜜零售工作是增加收入的一个重要途径。一般说来，蜂蜜的零售价格是收购价格的 2 ~ 4 倍。因此，除了养好蜂采好蜜，在有条件的地方还要做好零售工作。

第一节　蜂蜜的基本知识

一　蜂蜜的概念

蜂蜜是蜜蜂采集植物的花蜜、分泌物或蜜露，与自身分泌物结合后，经充分酿造而成的天然甜物质。中蜂蜜是由中蜂采集和酿造、再由人工从蜂巢中分离出的，俗称土蜂蜜、山蜂蜜等。

蜂蜜含有 180 多种成分，蜂蜜的主要成分是果糖和葡萄糖，占总量的 65%~80%，所以蜂蜜以甜为主；其次是水分，占 16%~25%；蔗糖含量不超过 5%（图 8-1）。另外，蜂蜜中还含有其他糖类、粗蛋白、维生素、矿物质、酸类、酶类、色素和芳香物质等。每 100g 蜂蜜中含乙酰胆碱 1.2~1.5mg、胆碱 36~45mg 和 H_2O_2 等抑菌素 10~40mg。

【小资料】白糖的主要成分是蔗糖，约占总成分的 99.9% 左右。药性偏凉，有润肺生津、补中益气、解毒抑菌的作用。适当食用白糖有助于提高机体对钙的吸收，反之相反；孕妇和儿童不宜大量食用白糖，吃糖后应及时漱口或刷牙，以防产生龋齿。

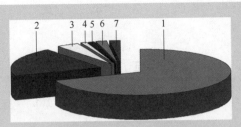

图 8-1　蜂蜜的成分

1—果糖和葡萄糖　2—水分　3—蔗糖　4—蛋白质和氨基酸　5—糊精

6—其他糖类　7—维生素、矿物质、酸类、酶类和黄酮类化合物等

　　根据花蜜的来源，蜂蜜可分为单花种蜂蜜、杂花蜜（又称为百花蜜）和甘露（蜂）蜜。中蜂蜜多属杂花蜜，香气复杂，没有固定的颜色，随着贮藏时间的延长都会结晶。

二 蜂蜜的性质

　　（1）蜂蜜的颜色　蜂蜜的色泽从水白色到深琥珀色，单花种蜂蜜有其固有的颜色，百花蜜没有固定的颜色，随着采集的主要蜜源而变化。

　　（2）蜂蜜的香甜味　味道以甜为主，其甜度约是蔗糖的 1.25 倍，从甘甜可口、辣喉到浓甜而腻；香气从淡淡的清香到浓厚的芳香。如刺槐蜜水白色，酷似槐花香气，味甜而不腻（图 8-2）。

　　随着贮藏时间的延长，或经过加热，或发酵变质的蜂蜜颜色变深，会带有怪味，被铁污染的蜂蜜冲水后铁锈味明显。

图 8-2　刺槐蜂蜜（水白色，清澈透明，不结晶，气息清香，甘甜可口）

（3）**蜂蜜的发酵**　蜂蜜中含有耐糖酵母菌，在浓度、温度适宜的情况下，这些菌类就生长繁殖，产生酒精和二氧化碳气体，在有氧的情况下，酒精分解成醋酸和水，这就是蜂蜜的发酵酸败（图8-3）。

蜂蜜发酵后，蜜汁苍白且混浊，失去固有的滋味，并带有酒味和酸味，蜜汁变得更加稀薄，同时出现大量泡沫。产生的气体将瓶盖胀臌，稍拧松瓶盖便能听到"噗"或"砰"的放气声。摇动蜜瓶，发酵的蜂蜜像啤酒一样从瓶中溢出来。

> ◆　**【提示】**　成熟蜂蜜是不容易发酵的，只有不成熟的蜂蜜（含水量高）或掺水才导致发酵。

防止蜂蜜发酵的方法有：将其中的水分抽出一部分，提高浓度（渗透压），使酵母菌不能繁殖；将蜂蜜加热杀灭酵母菌；将苯甲酸钠（0.2%）加入蜂蜜中抵制酵母菌的生长。这些方法都将破坏蜂蜜的成分和安全，品质下降，影响食用，且不符合蜂蜜的概念。

（4）**蜂蜜的黏度**　又称为黏滞性、抗流动性。决定蜂蜜黏度大小的主要因素是水分含量，水分含量越低，其黏度越大，流动速度就越慢，反之流动速度就越快（图8-4）。此外，蜂蜜的黏度与温度成负相关，即温度高时，黏度降低，温度低时，黏度增加。蜂蜜在结晶状态下黏度大，不流动。有些蜂蜜在剧烈搅动和振动下，会降低黏度，但静止后蜂蜜的黏度又可恢复正常。

图8-3　蜂蜜发酵——混浊、起泡　　图8-4　蜂蜜的黏度（下流成线、堆成折的蜂蜜黏度大、浓度高）

（5）**蜂蜜的密度** 蜂蜜的相对密度与含水量及蜜温呈负相关，蜜温为20℃时，含水量17%~23%的蜂蜜，其相对密度为1.423~1.38、波美度为43~40。贮藏于同一容器的蜂蜜，密度大的位于下层。

（6）**蜂蜜的吸水与失水特性** 蜂蜜既不吸水也不失水的环境湿度称为蜂蜜的相对湿度平衡点。同一个蜂蜜样本，如果暴露在相对湿度较低的空气中就容易失水，反之越容易吸水。蜂蜜失水，蜜液上层会形成一薄层"蜜膜"，阻止下层水分散失；吸水时，上层蜜液变稀引起发酵。

（7）**结晶** 新鲜成熟的蜂蜜是黏稠透明或半透明的胶状液体，是果糖和葡萄糖的过饱和溶液，一般在较低温度下放置一段时间后，凝结成固体，这就是蜂蜜的自然结晶（图8-5）。蜂蜜结晶的实质是葡萄糖长大聚集的结果，是一个物理现象，蜂蜜结晶以后，从液态变成固态，颜色变浅，但其含水量、成分均未改变，在较高温度下又变为原来的液态。中蜂蜜都会结晶。

1）影响因素：蜂蜜结晶与结晶快慢、状态与蜜源花种、结晶核（葡萄糖微结晶粒、花粉粒等）含量、含水量、贮藏条件及贮藏时间等有关。蜂蜜中结晶核多，含水量低，并与空气接触的机会多，则蜂蜜结晶速度快。贮藏温度为13~14℃时，蜂蜜结晶的速度最快，超过40℃

图8-5 油菜蜂蜜（易结晶，结晶乳白色、细腻，甜润，有青菜气息）

时，结晶的蜂蜜将逐渐熔化成液态。精细过滤可延缓结晶。刺槐蜜、枣花蜜、党参蜜等少数蜜源花种的蜂蜜不结晶，但大多数蜂蜜都有结晶特性，特别是油菜蜜、野坝子蜜等更易结晶。

2）结晶粗细：蜂蜜中葡萄糖含量高，结晶速度快，则结晶呈油脂状，如紫苜蓿蜜、油菜蜜；结晶速度较慢，则形成细粒结晶，如荆条蜜；结晶速度慢，则形成粗粒或块状结晶，如芝麻蜜为粗粒结晶，野坝子蜜结晶呈固体硬块状。

3）分层结晶：一般情况下，成熟度高的蜂蜜，若结晶速度快或较快，则形成整体结晶；而含水量高的蜂蜜或结晶速度慢的蜂蜜，则易形成分层结晶。分层结晶的蜂蜜，由于结晶部分仅含水 9.1% 左右，液态部分含水量相应升高，更易引起蜂蜜发酵。如果蜂蜜在结晶过程中伴随着发酵，或瓶装结晶蜂蜜在保存期间发酵，其产生的二氧化碳气体，常将结晶部分的蜂蜜（由发酵造成结晶部分形成多孔蜂蜜）顶向上方。若该蜂蜜在较低温度下，又开始结晶，则会出现上部和底层结晶，而中间是液态的分层结晶现象。分层结晶，影响蜂蜜的美观，还易造成蜂蜜发酵变质，在生产实践中应避免。

● 【提示】 防止蜂蜜结晶的方法是加热或精细过滤，但会破坏蜂蜜的成分，影响蜂蜜的质量。

（8）蜂蜜的"生"和"熟" 在养蜂生产中，根据蜂蜜的成分、耐贮藏性、同种蜂蜜风味的差距，将其划分为成熟蜂蜜和未成熟蜂蜜，它类似水果、作物等收获时一般意义上的"生"和"熟"。

成熟蜂蜜是指经过蜜蜂充分酿造后生产出来的"熟"蜂蜜，含水量低、蔗糖转化率高，营养价值高，气味纯正，甘甜可口，观感好，保质期长。一般浓度在 40.5 波美度以上的蜂蜜，在河南省常温下可保存 18 个月不变质，可视为成熟蜂蜜。

不成熟蜂蜜则是指没有经过蜜蜂充分酿造就生产出来的"生"蜂蜜（早产），存在着含水量高、蔗糖转化率低、营养价值差、风味淡薄、易发酵变质、不宜保存等先天不足的品质缺陷。这种蜂蜜需要经过加热、浓缩，杀灭酵母菌和降低含水量，以保持其在一定的时间内不因发酵而无法食用。但是，对蜂蜜而言，除简单的过滤，其他任何加工处理都会影响其品质，如部分营养成分遭到破坏、色香味变得更差等。近两年来，一些人还添加防腐剂阻止蜂蜜发酵。

在蜂蜜应用中，不经过炼制的都是"生"蜜，性凉，用于清热祛火和保健等；经过炼制的都是"熟"蜜，性温，用于感冒咳嗽的治疗。

第八章 做好销售提高效益

三 蜂蜜的检验

1. 感官检验

通过看、闻、尝和摸的方法和实践经验，根据蜂蜜的色、香、味、形来判定蜂蜜品质优劣和质量好坏，以及掺假与否。例如，通过摇动或倒置蜂蜜瓶，如果流动性好则说明蜂蜜浓度相对较低，反之就表明蜂蜜浓度高（图8-6）。

> **【提示】** 浓度高低只表示蜂蜜含水量大小，而不能证实蜂蜜中是否掺水或掺假。

图8-6 蜂蜜的浓度（垒堆的和颠倒蜜瓶形成的气泡缓慢上升的蜂蜜稠厚，质量上乘）

2. 简易试验

(1) 杂质检验 将蜜样放入烧杯或其他透明的玻璃杯中，加入5~6倍纯净水搅拌均匀，净置1天后进行观察，无沉淀物的蜜质优。

(2) 掺假试验 取样本1勺于透明塑料瓶中，加水10倍，剧烈摇动，泡沫多、消失快、易澄清的为掺假物，掺的越多表现越明显；泡沫丰富细腻、不易消失、不会澄清的是纯蜂蜜。

(3) 铁污染的检验 取蜜样5mL，加入30mL的茶水中，当蜂蜜的含铁量低于 15mg/kg 时，其引起茶水变色不甚明显；如果蜂蜜中铁的含量超过 20mg/kg，茶水颜色会变深，甚至成棕褐色，同时铁锈味明显。

四 蜂蜜的保存

蜂蜜从蜂房中被甩出来后，经过过滤，直接灌装到玻璃瓶或塑料瓶中，旋紧瓶盖即可销售。若再外套礼箱，既实惠又高贵。养蜂场或蜂蜜公司贮藏和运输蜂蜜，须使专用不锈钢桶或塑料桶盛装，养蜂场还可用陶制的大缸加盖密封贮存蜂蜜。蜂蜜装桶完毕后，应旋紧桶盖，并在桶身贴上标签，注明蜜种、波美浓度、产地和生产蜂场等。贮存蜂蜜的仓库要阴凉、干燥、通风，库温保持在 10 ~ 20℃，相对湿度不超过 75%。依蜂蜜品种、等级、产地等分别将蜜桶堆垛、码好。以地下室贮藏环境最好。

家庭购买的蜂蜜，既可以在常温下保存，也能在冰箱中保存。虽然蜂蜜号称世界上唯一不坏的食品，但随着贮藏时间的延长，它的颜色在加深，香气变淡，品质在不断地下降，所以，与其他食品一样，蜂蜜越新鲜越好，买回的蜂蜜应尽早食用，否则，应置于冰箱中保存。

五 蜂蜜的用途

伟大诗人郭璞在《蜜蜂赋》中对蜂蜜的评价为："散似甘露，凝如割肪，冰鲜玉润，髓滑兰香，穷味之美，极甜之长，百药须之以谐和，扁鹊得之而术良，灵娥之御以艳颜。"

百岁名医甄权在《药性论》中阐述了蜂蜜的功效："常服面如花红""神仙方中甚贵此物"。

著名药物学家李时珍在《本草纲目》中记载蜂蜜"入药功效有五：清热也，补中也，解毒也，润燥也，止痛也""蜂蜜生凉热温，不冷不燥。得中和之气，故十二脏腑之病，罔不宜之"。《神农本草经》中记载蜂蜜"味甘、平，主心腹邪气、诸惊痫痉、安五脏诸不足，益气补中、止痛解毒，除众病、和百药，久服强志轻身、不饥不老"。

1. 蜂蜜美容

蜂蜜美容，外用对皮肤有营养保湿、抗菌消炎、防止皲裂作用；内服可以润滑肠胃、养肝解毒、解除便秘、预防失眠，蜂蜜还是抗氧化剂，延缓衰老，保持青春。年轻漂亮、内部气血畅通，皮肤自然健康美丽、神采飞扬。

蜂蜜美容，吃、涂、浴皆宜。

(1) 吃的美容方法 温开水 1 杯（200mL），蜂蜜 1 勺（20g），混合口服。或者大枣 5 个，煮烂榨汁，与蜂蜜同用，能够促进肌肉生长、润肤悦颜。或者蜂蜜醋（或食醋）200mL，蜂蜜 100mL，混匀装瓶，每天早晨起床后和晚上睡觉前空腹服用 20mL，或加入 100mL 水中饮用。或者取 5～10g 鲜姜片放入水杯中，用 200～300mL 开水浸泡 5～10min 后，加入 25g 蜂蜜搅匀饮用。

(2) 涂的美容方法 蜂蜜适量，加水少许，涂抹按摩面部，10min 后用温湿毛巾擦拭干净，即可起到保湿防止面部干枯等作用。

(3) 浴的美容方法 以蜂蜜为功效成分，制造各种功能性洗浴用品，或直接将蜂蜜用于洗浴，可滋养皮肤，使皮肤保持清洁、舒适和健康。

2. 蜂蜜保健

(1) 蜂蜜与大众美食 蜂蜜是植物的精华，所含葡萄糖和果糖可直接被人体吸收利用，并在机体内产生约为 12560J/kg 的热量。是运动员、登山者、潜水员、素食者等补充体力的食品，对老人、儿童、产妇及病后体弱者尤为适宜。

蜂蜜不仅营养丰富，气味芳香，甘甜适口，老少皆宜，而且不含脂肪，来源广泛，价格低廉。因此，蜂蜜素有"老年人的牛奶"和"大众的美食补品"之称。

在烤鸭、烤肉、蛋糕等的表面涂上蜂蜜，可使其色泽黄嫩、刺激人们的食欲，且不霉不干；把蜂蜜涂在肉上做红烧肉、用蜂蜜做的拔丝山药、蜜渍甲鱼、蜜汁火腿、蜜汁排骨也颇有风味。

(2) 蜂蜜与老人 《神农本草经》阐述蜂蜜功效时指出"久服强志轻身、不饥不老"。轻身不老延年是中老年保健追求的目标，中国古代百岁名医甄权、孙思邈均推荐蜂蜜医疗保健。公元前西医学之父希波克拉底和伟大的哲学家、原子理论的创立者德莫克利，由于经常食用蜂蜜，都活到 107 岁。苏联学者对高加索地区长寿人普查结果表明：百岁以上的老人有 80% 以上是从事养蜂或长期食用蜂产品者。

蜂蜜对肝病、肺病等都有辅助治疗作用。对于糖尿病患者，可少量食用，蜂蜜是治疗便秘的传统药物，又具有镇静安抚作用

（3）蜂蜜与孕妇　妇女在怀孕期间，食用蜂蜜可达到：一预防感冒，少得或不得疾病；二补充营养；三防止火气上身及大便秘结等。怀孕的妇女，应食用清亮一些的蜂蜜，提高自身体质，为胎儿的生长发育创造一个良好的物质和妊娠环境。

牛奶加蜂蜜：每晚睡前喝 1 杯加 1 勺蜂蜜的热牛奶；也可做成乳酪，别有风味。可以消除便秘，缓解甚至消除痛经。机理是牛奶含钾多，蜂蜜乃镁的"富矿"，而钾和镁是月经期生理和心理的调节剂。

【小资料】蜂蜜通乳茶：蜂蜜 60g，当归 25g，川芎 9g，桃仁、木通、麦冬、桔梗各 6g，干姜、甘草各 3g，将上述各味药材加水共煎 10min，除渣后加入蜂蜜饮用，每天 1 剂。

（4）蜂蜜与儿童

1）补充糖类：儿童和婴儿生长旺盛，需要大量的糖类物质来满足生理需求，蜂蜜中含有大量的单糖，易被儿童吸收利用。

2）保护牙齿：蜂蜜抑制了链球菌变种的生长，能防止产生破坏牙釉质和牙本质的乳酸，以及葡聚糖牙斑的形成，因此食用蜂蜜可保护儿童牙齿。

3）预防贫血：婴幼儿常因缺铁而造成贫血，洛达克博士用蜂蜜和白糖进行试验，结果表明食用深色蜂蜜能使血红蛋白提高 10.5%，头晕、疲劳等症状明显减轻；吃糖则使血红蛋白下降 60%。

4）治疗腹泻：蜂蜜对患有中毒性或传染性腹泻的儿童有治疗作用。

5）预防感冒，治疗便秘。

【小资料】蜂蜜鸡蛋茶：鸡蛋 1 个，磕开搅拌均匀，兑 300g 沸水，片刻，再放蜂蜜 35g，饮用。用于招待贵客。适用于盗汗体虚、肝火旺盛者。

饭前1.5h服用蜂蜜会抑制胃液的分泌，服用后立即进食会刺激胃液的分泌；温热的蜂蜜水会使胃液稀释而降低胃酸，而冷的蜂蜜水能刺激胃酸分泌，加强肠道运动，有轻泻的作用。

3. 蜂蜜治病

蜂蜜是药食两用产品。成熟的蜂蜜具有抗菌作用，这与其具有高渗透压、弱酸性和所含的溶菌酶（5~10mg/mL）、苯甲酸衍生物、黄酮类化合物（5~120μg/g）、挥发性成分（0.24%~0.1%）以及葡萄糖氧化酶与葡萄糖酸作用后产生的活性氧等有关；另外，蜂蜜还具有滋润肠胃、抗溃疡、补肾、健脾、保肝、解毒、润燥、通便和调节神经等作用。

蜂蜜治病，多与其他中药配合使用。

（1）治疗胃和十二指肠溃疡 蜂蜜能润滑胃肠，降低胃中酸度，减少对胃肠黏膜的刺激，有保护胃肠黏膜的作用。蜂蜜通过调节胃液的分泌，使胃液分泌正常，其中的酶类物质有助于消化食物。

将9g甘草和6g陈皮加适量的水煎熬过滤，然后用滤液兑100g蜂蜜内服，每天3次，连服数天。总有效率达82%。

（2）治疗结肠炎、便秘 每天早、晚空腹服蜂蜜25g，或用香蕉、白萝卜蘸蜂蜜嚼食。

（3）小儿止咳蜜露 党参24g、麦冬24g、桔梗24g、桑白皮24g、黄精24g、枸杞子24g、罂粟壳12g、五味子12g、甘草12g，加水720mL，煎取药液360mL，滤掉残渣，复将滤液煎至180mL，兑入蜂蜜180mL，然后浓缩成180mL的蜜露。每天早晚各服1次，每次20~30mL，7天为1个疗程。

功效：治疗小儿久咳体虚、支气管炎或感冒后咳嗽经久不愈汗出者。

（4）治疗鼻炎、鼻窦炎 12%的蜂蜜水溶液进行电离子导入或灌洗治疗。

（5）治疗气管炎 用1:2蜂蜜水溶液，经雾化后由患者的鼻孔吸入，从嘴呼出，每次吸20min，每天1~2次，20天为1个疗程，用此法治疗咳嗽效果亦显著。

（6）治小儿咳嗽 红梨1个，去皮挖核，装入川贝（粉）1~

1.5g、蜂蜜25g，封口，蒸20~30min。睡前服用，可止喉痒、干咳。

（7）**治疗肺结核方Ⅰ** 每天服蜂蜜50~75g，牛奶225~450g。有助于结核病症状减轻，使患者血红蛋白增加和血沉降低。

治疗肺结核方Ⅱ 蜂蜜6g，花粉10g，蜂胶2g，蜂王浆2g，鲜（或淡干）雄蜂蛹5g，杏仁（图127）5g，姜汁5g。蜂蜜加姜汁炼至滴入冷水中的蜜珠不散为止；花粉烘干、粉碎，过60目筛；蜂胶冷冻、粉碎，过60目筛；雄蜂蛹加蜂王浆在捣碎机中搅拌混合；杏仁水煮60min，去皮，烘干，粉碎。将上述处理后的原料依次加入蜂蜜中搅拌均匀，制成蜜丸，蜡纸包裹，用塑料袋盛装，冷藏备用。每天食用45g，温热到30℃，早晚嚼食。提高免疫力，增强体质，改善症状，巩固治疗效果，直到恢复健康。

（8）**治疗肝脏疾病** 蜂蜜中大量的单糖及某些维生素、酶和氨基酸，可以直接进入血液而被人体吸收利用。同时，蜂蜜对肝有一定的保护作用，能促进肝细胞再生，对脂肪肝形成有抑制作用。肝病患者每天早、晚空腹服蜂蜜25~50g，有助于身体康复。在临床上用20%的蜂王浆蜜治疗肝病、黄疸型肝炎或无黄疸型肝炎，患者自觉症状明显改善。

（9）**治疗神经疾病和心脏病** 中医认为蜂蜜具有安神益智、改善睡眠的作用。每晚睡前1h用少量温开水兑25g蜂蜜服用，能调节神经，易于入睡。

蜂蜜中的葡萄糖能营养心肌和改善心肌的代谢功能，每天服用50~75g蜂蜜，能保持心脏工作正常。用蜂蜜治疗心机能不全，还能对抗强心药地高辛的毒副作用。蜂蜜能扩张冠状动脉，所以也适用于心绞痛患者。

（10）**治疗创伤及灼伤** 首先用生理盐水洗净伤口，清除坏死组织及脓液，然后将蜂蜜敷于伤口表面，外用绷带包扎。3~4天换药1次，分泌液多的伤口，1~2天换药1次。

（11）**治疗冻疮和冻伤** 对Ⅱ度以上有炎症又有分泌物的冻伤，用蜂蜜与黄凡士林等量调成软膏，薄薄地涂于无菌纱布上，敷盖于创面，每天2~3次，敷盖前先将创面清洗干净，敷盖后用胶布包扎固定，1个疗程4~7天。

对于冻疮，先用温开水洗净患处，然后涂蜜包扎，隔日换药1次。

成熟蜂蜜具有灭菌、消炎、营养伤口的作用，而且不落伤疤。

（12）治疗烧伤　Ⅰ、Ⅱ度小面积烧伤，创面经清洗处理后，用棉球蘸蜂蜜均匀涂抹。前期每天 4～5 次，待形成痂后，改为每天1～2次。如痂下积有脓汁，将焦痂揭去，创面可重新形成焦痂，迅速愈合，一般涂抹 2～3 天后，创面形成透明痂，6～10 天焦痂自行脱落，新生皮形成。

Ⅲ度烧伤或占体表面积5%以上的烧伤应由医院专科医生治疗。

（13）治疗脚气　用温水泡脚、洗净，将蜂蜜涂抹患处，每天早晚各 1 次，勤换鞋袜，1 周效果显著。

第二节　蜂蜜的质量管理

蜂蜜的质量管理贯穿于饲养、生产、贮存、销售等各个环节。

一　蜂蜜的安全性

蜂蜜的安全包括真伪、优劣、生熟、卫生、污染、毒性和禁忌等。

1. 禁忌症

《本草纲目》中记载蜂蜜性甘、生凉熟温。现代医学研究表明，蜂蜜是无毒的，作为保健食品没有规定其食用量。但凡湿热积滞、痰湿内蕴、中满痞胀及肠滑泄泻者，均不宜食用蜂蜜。

糖尿病人可在医生指导下少量食用蜂蜜。

2. 外源物

（1）污染　包括药物、环境污染等。

1）药物污染：花蜜被喷洒在农田、果树上的农药污染，对蜂群施药（外用药与内服药）防治病虫害等，都可直接污染蜂蜜，都会造成蜂蜜中的农药和兽药残留。

2）环境污染：会使某些蜂蜜中含有肉毒杆菌、重金属含量增加。

3）铁锈污染：蜂蜜属弱酸性，与铁接触会发生反应，从而使铁离子进入蜂蜜中。散发黑水的分蜜机是铁污染蜂蜜的第一个来源，而部分锈得像榔头一样的蜂蜜桶，则是蜂蜜被铁污染的主要原因。

被铁污染后的蜂蜜，兑入茶水中，会使茶水变黑，铁锈味使人不愉快。

⚠️ **【注意】** 食用被铁污染的蜂蜜对人体有害。

4）肉毒杆菌：1982 年，我国有关部门对进入上海、北京市场的 9 省 28 个地区的 60 份原料和成品蜂蜜进行检测，未发现肉毒杆菌，而在美国有部分蜂蜜被检测出该病原菌。1986 年日本阪口立二对进口蜂蜜进行肉毒杆菌检测，来自我国的蜂蜜被检出率为 7.1%。

研究发现，肉毒杆菌主要来源于饲料、蜂尸和蜜源（花），成人和大龄儿童食入肉毒杆菌芽胞无害，但能引起 1 岁以下的婴儿中毒。因此，为安全起见，婴儿和孕妇用蜜，要选择无污染、无异味的蜂蜜。

（2）卫生问题 民以食为天，食以洁为本。蜂蜜的卫生贯穿在饲养管理、生产、工具、包装和贮藏的各个环节，每一个环节都不能出现纰漏。2003 年 6 月的一天，笔者上山去看望一位老养蜂人，蜂场就在路边，下车第一眼看到他正在摇蜜，手上沾满了黄色的升华硫，他一边摇蜜，一边将摇过蜜的封盖子脾抹上升华硫，防治小蜂螨。污染就是这样在不经意间发生的。

3. 成熟度

成熟度即指蜂蜜在没有成熟的情况即从蜂巢中分离出来，营养和风味先天不足，还往往伴随着变质，发酵严重的蜂蜜不宜再食用。

蜂蜜的真伪、优劣、生熟、卫生、污染这些方面的安全都与人有关，是完全可以避免的，而且是不难达到的。

4. 有害蜜

（1）有害植物 蜜蜂采集博落迴、雷公藤、紫金藤、喜树、藜芦、八角枫、黄杜鹃、曼陀罗、乌头、洋地黄、断肠草等植物花蜜酿成的蜂蜜，人食用后会出现口干、舌麻、嗜睡、无力、恶心呕吐、腹泻等中毒症状，严重者死亡。

（2）**毒蜜特点** 有害蜂蜜多为绿色、深棕色或深琥珀色，有苦、麻、涩等味感，随着贮藏时间的延长，毒性会逐渐降解。

（3）**临床表现** 有毒蜂蜜中毒的症状随蜜源植物的毒性和摄入量的不同而异。有毒蜂蜜中毒的潜伏期最短的为 25 ~ 40min，较长的为 7 天，一般为 1 ~ 3 天。中毒初期有恶心、呕吐、腹泻、腹痛等消化系统症状，伴有乏力、头晕、低热、四肢麻木等症状。轻度中毒者表现为口干、口苦、唇舌发麻、食欲减退等症状；中毒较重除有腹泻伴有柏油样便、血便症状外，还可出现肝脏损害症状，但无黄疸；严重的中毒病人会产生肾功能损害，如少尿、血尿、蛋白尿，还有寒战、高热、尿闭、血压下降、休克、昏迷、心律不齐、有典型心肌炎表现，最后可因循环中枢和呼吸中枢麻痹死亡。

（4）**救护方法** 中毒原因与蜜源植物有关，故于蜂场周围砍去有毒的植物，培植无害蜜源。对夏季上市的蜂蜜加强检验，如发现有毒植物花粉，须经加工过滤检验合格后方可销售，有异味者，如苦味则不宜食用。

早期发现吃蜜中毒者，可用油脂灌胃催吐。

洗胃可用淡盐水或 1∶5000 高锰酸钾液，导泻可口服硫酸镁或硫酸钠 20mL。治疗原则采用对症和支持疗法，重点保护心脏。可口服"通用解毒剂"（活性炭 2 份、氧化镁 1 份、鞣酸 1 份）20g，混合 1 杯水中饮服，以吸附毒物。心、肝、肾、神经系统等实质性脏器出现器质性病变时，多数愈后不良。

二 生产过程要求

（1）**蜂农素质** 作为养蜂生产者，须身体健康，每年至少在具备相应资质的医疗机构进行 1 次健康检查，患病期间停止工作，传染病患者不能从事养蜂生产活动。

养蜂员应具有养蜂生产、安全用药、蜂箱及蜂具消毒与蜂病防治等基本知识，掌握产品生产规范化操作基本技能，熟练填写养蜂日志等各种记录表格，了解蜂产品的质量要求和食品安全生产的法规要求。积极参加合作社、养蜂科研单位的技术培训和主管部门的政策法规培训，注意个人卫生，管理和生产操作过程着工作服装，按照规程生产合格产品。

（2）**养蜂环境** 养蜂场周围蜜源丰富，无有害蜜源。空气质量应符合《环境空气质量标准》（GB 3095—1996）中环境空气质量功能区二类区要求（图8-7）。地势高燥、通风向阳、排水良好和小气候适宜，有良好的水源，养蜂场周围3km内无以蜜、糖为生产原料的食品厂、化工厂、农药厂及经常喷洒农药的果园。对放蜂场地经常打扫卫生、

图8-7 空气清新环境优良的放蜂场地

洒水，保持清洁，并定期对蜂场进行消毒。

（3）**做好记录** 蜂农应建立养蜂（产品质量）日志，内容包括养蜂生产、蜜蜂流向、蜜蜂病敌害防治和用药记录等（表8-1），有些还要记录一些诸如天气、蜜源、管理措施和饲料等情况。

表8-1 养蜂日志

_____年___月___日 蜂农编号（或姓名）：

天气		放蜂地点		蜜源	
蜂群		王种			
养蜂生产情况（清洁消毒、病敌害等）：					
用（休）药情况	药名		当日用量		累计用量
	药名		当日用量		累计用量
	药名		当日用量		累计用量
蜂病诊断					
治疗效果					
交付产品名称		数（重）量		地点	接收人

养蜂（产品质量）日志，是建立可追溯源系统的基本依据，确保消费产品可追溯到生产源头，从餐桌到生产，是蜂产品质量管理

的重要工作。在生产、交付和销售的全过程都要做好记录，如蜂农编号（或姓名）、品种、采收日期、产地、蜜源、净含量、总重、贮存、加工和包装等，并保存这些记录。

（4）质量监督 根据蜂产品质量标准、蜜蜂产品生产管理规范和国家地理标志产品标准，对上市蜂产品进行检验和评定，主管机关（如国家质量监督检验检疫局）对蜂蜜的理化、卫生指标进行检验，由学者、养蜂专家和行业组织公开评审蜂蜜的色泽、香气及风味，最后给经过评审认定的产品发放优、良、中和差4个档次授牌。不符合地理标志产品标准的不得使用国家授予的该地区的产品标识，认定的档次可用于该产品销售的宣传。

三 监控措施

（1）生产工具 所使用的设备及器具无毒无害，且已消毒。与蜂蜜等接触的器具表面，应当是不锈钢、玻璃等耐腐蚀的材料，平时保持清洁，用时清洗消毒，生产用的小蜂具和养蜂工作服等根据需要随时清洁卫生。蜂箱用红松、杉木和桐木等制作，定期清理箱内杂物，每年消毒1次。及时对旧巢脾化蜡，对优质巢脾用磷化铝熏蒸后密闭保存。

（2）蜂病控制 中蜂的病虫敌害，以健康管理、综合防治为主。首先，饲养强群，预防疾病发生，一旦发现患病蜂群，先进行隔离，控制疾病传播；其次准确诊断，确定传染途径以及发病程度和危害情况。

蜂群发病时，应由技术人员出诊检查后开具处方发放蜂药，蜂农接受指导正确使用。蜂药的购置应由合作社出具购药证明，并指定专人至兽药店或蜂药生产企业统一购置，指定专人保管蜂药，建立蜂药购买和发放台账，实行蜂药验收核销制度。

（3）措施、规程 中蜂饲养管理应按《无公害食品 蜜蜂饲养管理准则》（NY/T 5139—2002）的规定执行。首要的是保持蜂多于脾和饲料优质充足，饲养强群；其次是管理操作规范、卫生，生产量力而行，合理使用防治中蜂病虫害药剂。用于生产蜂蜜的蜂群无病，严格执行休药期；采集的蜜源未施药或已过安全隔离期；操作人员卫生，着工作服。生产操作应在生产车间或室内进行，备有冰箱、空调等设备。

定期更换老旧巢脾，生产封盖蜂蜜，及时过滤。

> ⚠ **【注意】** 对有病蜂群和没有按规定使用蜂药、饲料的蜂群，其产品另外处置。

（4）加工过程 蜂产品中大多含有活性物质，蜂蜜在消除结晶时加工温度过高和时间过长，都会使其颜色变深，味道变怪，香气变淡，活性物质丧失，从而影响品质。因此，在蜂生产合格产品时，尽可能减少加工程序，加工条件尽可能温和，以此保持蜂蜜原有品质不变。

（5）包装过程 蜂蜜包装钢桶应符合《蜂蜜包装钢桶》（GH/T 1015—1999）的要求，其他包装的容器及包装过程所接触的器具，都应符合安全卫生、无毒和不被腐蚀的要求，产品包装后应立即密封。

（6）贮存过程 蜂蜜贮存场所应保持干燥、通风、阴凉和无阳光直射，不应与有异味、有毒、有腐蚀性、放射性、挥发性和可能产生污染的物品同库存放，按照规定控制温度、湿度。如大量蜂蜜在地下室常温下贮藏为宜，家庭贮存可置于常温下，放冰箱中更好。

第三节 蜂产品销售知识

蜂产品销售是蜂农个人及群体经由生产、提供与交换彼此产品，以获得其需求及欲望的过程。实现蜂产品的销售，需要一定的专业技能与知识，礼貌友善，容易沟通，树立视顾客为上帝、顾客是我们的衣食父母的观念，用心为顾客服务，赢得顾客对服务和产品质量的信赖。

一 定价与利润

1. 价格

价格是大众消费者选择产品的主要因素，品质是高端消费最为看重的。价值和所付出的劳动是蜂产品定价的基础，而影响因素主要有产量的丰歉、品质和质量优劣、同行的竞争和地域差别等。

合理的定价非常重要，每一个价格都会影响到利润、销售和市场占有率。

（1）**收购价格**　是蜂产品从生产领域进入流通领域的最初价格，是制定蜂蜜调拨价格、销售价格的基础，蜂产品的收购价格是在正常年景、合理经营的生产成本上，加上生产者应得的收益，并参考与其相关的商品（糖）的比价及当前市场的供求状况为基础制定的。

（2）**零售定价**　消费者对所购买商品付出的价格。

1）同类同价：同一类产品同价，比如刺槐蜂蜜、枣花蜂蜜和荆条蜂蜜同价销售，让消费者根据自己的喜好选择自己满意的品种。

2）差异定价：同一类产品按品种、品质等定不同的价格，让消费者根据自己的喜好和经济实力选购适合自己的产品，如刺槐蜂蜜、油菜蜂蜜的同量异价销售。

3）撇脂定价：将最优质量的产品定高价，满足高端消费，并通过优质服务赚取较高的利润。

在蜂产品的销售中，还经常遇到涨价、降价、变相涨价和降价的情况，如促销和打折等。低价销售总有较多的顾客。

一般来说，目前中蜂蜜的价格约是意蜂蜜的 3 倍。

2. 利润

蜂产业由多个环节组成链条，每一个环节都要有合理的利润，只有这样，养蜂业才能顺利发展。其基本利润构成：蜂产品总值＝生产商品的物质消耗＋蜂农利润＋经纪人或合作社利润＋公司加工利润＋出口商利润＋零售商销售利润＋利息和税款＝消费者支付的金钱。

二　渠道与方法

不同的销售渠道，其销售方法不同。

1. 养蜂场销售

（1）**交售**　养蜂场生产的产品，主要出售给蜂产品经纪人和养蜂合作社，以收购价出售，简单快捷。也有直接出售给蜂业公司和蜂产品专卖店的，这需要有固定的客商。

（2）**直销**　将产品直接卖给顾客的是中蜂饲养者最常见的销售方法，这时，需要将产品进行适合零售的包装，因此，需要具备容器、包装设备，还需符合卫生规定。另外，坚持不断地努力宣传，稳定老顾客，通过口碑相传招徕新人。

养蜂场是最好的招牌，蜂场现场销售是一个不错的方法。

焦作市郊一家蜂场，常年定地养蜂 80 群，荆条花期生产蜂蜜 2 吨，全部零售，每年收入 8 万余元（图 8-8）。

图 8-8　蜂场直销现场

2. 商业渠道

（1）商业网点　养蜂场或养蜂专业合作社向行业协会申请产品标识，将产品包装后，可送往购物中心、量贩店、专卖店、百货公司、超级市场（连锁超市）、宾馆和酒店、便利店、杂货店、集贸市场进行销售。

（2）无店销售　还可以无店铺贩卖，如淘宝、天猫、飞信、微信等网络及电视购物等。

（3）农产品博览会销售　在秋、冬农闲季节，积极参加各地举办的农产品博览会，向顾客推销自己的产品（图 8-9）。

（4）旅游销售　将蜂群置于蜜源丰富和交通便利的地方，路过的行人或旅游团体即会找上门来购

图 8-9　2008（杭州）亚洲蜂产品
博览会销售

买产品。通过一定的方法，组织社区的退休及闲暇人员，到蜂场参

观，体验养蜂生活（图8-10～图8-12），亦可增加销量。

图8-10 穿蜂衣展蜂彩

图8-11 竹筒巢蜜

（5）**养蜂生态园的销售** 如果蜂场发展到一定规模，就可参与蜂产品市场，建立专业中蜂生态园（图8-13和图8-14），将蜂场融入自然生态环境，通过养蜂实践和操作、穿蜂衣表演和合影、影像资料、专家讲座，以及蜜蜂文化、实物展示和开发新产品，给消费者以安全、可靠的感觉，从而赢得信赖，达到销售产品和服务顾客的目的。

图8-12 现场切割销售

图8-13 建立自己的生态蜂场

图8-14　建立自己的艺术蜂场

（6）**蜂产品会员制销售**　蜂产品是养生保健食品，顾客有长期食用的习惯，对有潜力的顾客，可采取会员制的方法，使之成为稳定、忠实的顾客。要求为会员及时提供优质的新上市产品，并给予一定的优惠待遇，定期对会员进行回访，赠送蜂产品使用技术资料，介绍蜂产品使人长寿健康的道理。在适当时候，邀请会员亲临蜂场感受蜜蜂的乐趣。

（7）**会议营销**　组织消费者在某一时间在某个地方集中，请专家讲授有关蜂产品知识，并销售产品。既卖产品，又卖技术，还卖理念。

三　媒体与宣传

（1）**广告的类型与作用**　广告是一门带有浓郁商业性质的综合艺术，以广大消费者为广告对象，通过报纸、杂志、电视、广播、网络、壁画、橱窗、商业信函、霓虹灯、车船等，将信息传达给大众，以此来提高产品的知名度，增加销售的目的。广告必须真实和具有良好的社会形象，还要有针对性和艺术性。

（2）**研究产品消费对象**　分析消费者的习惯，生产适销对路的产品，如日本人喜欢色浅味淡的刺槐蜂蜜，中国台湾省人偏爱龙眼蜂蜜，我国北方群众对枣花蜂蜜情有独钟。多数国人相信中蜂蜜优于意蜂蜜，愿意出高价购买优质的中蜂蜜。因此，长期生产优质的、形式多样的中蜂蜜（图8-15和图8-16），是赢得顾客、获得效益的

重要工作。

图 8-15　礼盒巢蜜

图 8-16　奇妙的中蜂蜜

（3）做好消费者的参谋　消费者需要健康、美食，他们希望获得优质的中蜂蜜。我们的任务之一就是向消费者宣讲有关蜂蜜的所有健康、美食、质量和选购方法，满足他们的诉求。

附录 常用法定计量单位名称与符号对照表

量 的 名 称	单 位 名 称	单 位 符 号
长度	千米	km
	米	m
	厘米	cm
	毫米	mm
面积	平方千米（平方公里）	km^2
	平方米	m^2
体积	立方米	m^3
	升	L
	毫升	mL
质量	吨	t
	千克（公斤）	kg
	克	g
	毫克	mg
物质的量	摩尔	mol
时间	小时	h
	分	min
	秒	s
温度	摄氏度	℃
平面角	度	(°)
能量，热量	兆焦	MJ
	千焦	kJ
	焦［耳］	J
功率	瓦［特］	W
	千瓦［特］	kW
电压	伏［特］	V
压力，压强	帕［斯卡］	Pa
电流	安［培］	A

参考文献

［1］ 张中印，吴黎明，赵学昭，等. 中蜂饲养手册 ［M］. 郑州：河南科学技术出版社，2013.

［2］ 徐祖荫. 中蜂饲养实战宝典 ［M］. 北京：中国农业出版社，2015.

［3］ 杨冠煌. 中华蜜蜂的保护和利用 ［M］. 北京：科学技术文献出版社，2013.

［4］ 张中印. 高效养蜂 ［M］. 北京：机械工业出版社，2014.

［5］ 龚凫羌，宁守荣. 中蜂饲养原理与方法 ［M］. 成都：四川科学技术出版社，2006.

［6］ 杨冠煌. 引入西方蜜蜂对中蜂的危害及生态影响 ［J］. 昆虫学报，2005，48（3）：401-406.

［7］ 杨冠煌. 中华蜜蜂在我国森林生态系统中的作用 ［J］. 中国蜂业，2009（4）：5-7.

［8］ 张中印，李让民，国占宝，等. 陕县店子乡中蜂资源及生态养蜂展望 ［J］. 蜜蜂杂志，2008，（6）：20-22.

［9］ 张中印. 中国养蜂学会——河南陕县残联养蜂助残好典范 ［J］. 中国蜂业，2009（7）：20.

［10］ 张中印，刘振声，侯宝敏，等. 河南省蜜源资源概况 ［J］. 蜜蜂杂志，2009（4）：39-40.

［11］ 张中印，刘荷芬，张金芳，等. 河南省济源市中药材蜜源植物调查 ［J］. 蜜蜂杂志，2007（11）：40-42.

［12］ 马培谦，马维超，马晓龙. 谈中蜂养殖的关键措施和方法 ［J］. 蜜蜂杂志，2009（3）：21.